科学是永无止境的，它是一个永恒之迷。

——爱因斯坦

"中国制造2025"
出版工程

国家出版基金项目
NATIONAL PUBLICATION FOUNDATION

"十三五"国家重点出版物
出版规划项目

"中国制造2025"
出版工程

微传感系统与应用

刘会聪 冯跃 孙立宁 编著

化学工业出版社

·北京·

本书详细介绍了硅基微传感系统和非硅基微传感系统的设计、性能、制备、特征、表征以及测试和应用，并对微传感系统相关的微纳加工技术做了简要介绍。

本书适宜从事传感系统设计以及机械、材料等相关专业人士参考。

图书在版编目（CIP）数据

微传感系统与应用/刘会聪，冯跃，孙立宁编著.—北京：
化学工业出版社，2019.8
"中国制造2025"出版工程
ISBN 978-7-122-34378-9

Ⅰ.①微… Ⅱ.①刘…②冯…③孙… Ⅲ.①传感器
Ⅳ.①TP212

中国版本图书馆 CIP 数据核字（2019）第 081029 号

责任编辑：邢　涛
责任校对：王　静　　　　　　　　　　　装帧设计：尹琳琳

出版发行：化学工业出版社（北京市东城区青年湖南街 13 号　邮政编码 100011）
印　　刷：三河市航远印刷有限公司
装　　订：三河市宇新装订厂
710mm×1000mm　1/16　印张 14¾　字数 274 千字　2019 年 10 月北京第 1 版第 1 次印刷

购书咨询：010-64518888　　　　　　　售后服务：010-64518899
网　　址：http://www.cip.com.cn
凡购买本书，如有缺损质量问题，本社销售中心负责调换。

定　　价：78.00 元

序

　　制造业是国民经济的主体，是立国之本、兴国之器、强国之基。 近十年来，我国制造业持续快速发展，综合实力不断增强，国际地位得到大幅提升，已成为世界制造业规模最大的国家。 但我国仍处于工业化进程中，大而不强的问题突出，与先进国家相比还有较大差距。 为解决制造业大而不强、自主创新能力弱、关键核心技术与高端装备对外依存度高等制约我国发展的问题，国务院于 2015 年 5 月 8 日发布了"中国制造 2025"国家规划。 随后，工信部发布了"中国制造 2025"规划，提出了我国制造业"三步走"的强国发展战略及 2025 年的奋斗目标、指导方针和战略路线，制定了九大战略任务、十大重点发展领域。 2016 年 8 月 19 日，工信部、国家发展改革委、科技部、财政部四部委联合发布了"中国制造 2025"制造业创新中心、工业强基、绿色制造、智能制造和高端装备创新五大工程实施指南。

　　为了响应党中央、国务院做出的建设制造强国的重大战略部署，各地政府、企业、科研部门都在进行积极的探索和部署。 加快推动新一代信息技术与制造技术融合发展，推动我国制造模式从"中国制造"向"中国智造"转变，加快实现我国制造业由大变强，正成为我们新的历史使命。 当前，信息革命进程持续快速演进，物联网、云计算、大数据、人工智能等技术广泛渗透于经济社会各个领域，信息经济繁荣程度成为国家实力的重要标志。 增材制造（3D 打印）、机器人与智能制造、控制和信息技术、人工智能等领域技术不断取得重大突破，推动传统工业体系分化变革，并将重塑制造业国际分工格局。 制造技术与互联网等信息技术融合发展，成为新一轮科技革命和产业变革的重大趋势和主要特征。 在这种中国制造业大发展、大变革背景之下，化学工业出版社主动顺应技术和产业发展趋势，组织出版《"中国制造2025"出版工程》丛书可谓勇于引领、恰逢其时。

　　《"中国制造 2025"出版工程》丛书是紧紧围绕国务院发布的实施制造强国战略的第一个十年的行动纲领——"中国制造 2025"的一套高水平、原创性强的学术专著。 丛书立足智能制造及装备、控制及信息技术两大领域，涵盖了物联网、大数据、3D打印、机器人、智能装备、工业网络安全、知识自动化、人工智能等一系列核心技术。 丛书的选题策划紧密结合"中国制造2025"规划及11个配套实施指南、行动计划或专项规划，每个分册针对各个领域的一些核心技术组织内容，集中体现了国内制造业领域的技术发展成果，旨在加强先进技术的研发、推广和应用，为"中国制造2025"行动纲领的落地生根提供了有针对性的方向引导和系统性的技术参考。

这套书集中体现以下几大特点：

首先，丛书内容都力求原创，以网络化、智能化技术为核心，汇集了许多前沿科技，反映了国内外最新的一些技术成果，尤其使国内的相关原创性科技成果得到了体现。 这些图书中，包含了获得国家与省部级诸多科技奖励的许多新技术，因此，图书的出版对新技术的推广应用很有帮助！ 这些内容不仅为技术人员解决实际问题，也为研究提供新方向、拓展新思路。

其次，丛书各分册在介绍相应专业领域的新技术、新理论和新方法的同时，优先介绍有应用前景的新技术及其推广应用的范例，以促进优秀科研成果向产业的转化。

丛书由我国控制工程专家孙优贤院士牵头并担任编委会主任，吴澄、王天然、郑南宁等多位院士参与策划组织工作，众多长江学者、杰青、优青等中青年学者参与具体的编写工作，具有较高的学术水平与编写质量。

相信本套丛书的出版对推动"中国制造2025"国家重要战略规划的实施具有积极的意义，可以有效促进我国智能制造技术的研发和创新，推动装备制造业的技术转型和升级，提高产品的设计能力和技术水平，从而多角度地提升中国制造业的核心竞争力。

中国工程院院士 潘垚鹤

前言

　　微系统是一门融合机、电、光、磁、生、化等多个交叉前沿学科的领域，具有微型化、集成化、智能化、低成本、高性能、可批量化等优点，已经并将继续在生物医疗、能源环境、汽车电子、消费电子、无线通信、军事国防、航空航天等领域产生深远影响。

　　本书以微系统中最具代表性的微传感系统为核心，结合当前的无线通信以及物联网技术、能源收集技术、柔性电子技术等新兴前沿科技，对广义微传感系统的相关技术进行了全面系统介绍，包括微系统加工技术、硅基微传感技术、非硅基微传感技术、自供电微传感与微能源技术。同时也介绍了微传感系统在智慧工业、智慧农业、生物医疗、军事、航空航天等各个应用领域中所发挥的重要作用。本书以微传感系统的主要技术为主，结合代表性应用案例进行编写，共分为6章。

　　第1章微传感系统概述。主要介绍微传感系统的基本概念、静态动态特性、分类、材料特性以及发展趋势。

　　第2章微系统制造技术。主要介绍典型的硅基、非硅基的MEMS制造工艺，以及特种微加工方法、封装与集成。

　　第3章硅基微传感技术与应用。主要介绍常用的硅基压阻式、电容式、压电式微传感系统设计、制造方法及典型案例。

　　第4章非硅基柔性传感技术。主要介绍非硅基柔性传感器的主要特点和常见材料，介绍了典型柔性触觉传感器的基本原理和发展趋势，生物信号的感知测量原理及关键技术问题，并阐述了非硅基柔性传感器在机器人、医疗健康和虚拟现实领域的应用。

　　第5章自供能微传感系统。主要介绍了自供能微传感系统的概念以及关键技术，主要包括压电式、电磁式、静电式、摩擦电式振动能量收集技术和风能收集技术，最后阐述自供能微传感系统在诸多领域的潜在应用。

　　第6章新兴微传感系统应用展望。主要介绍新型功能材料在微传感系统中的应用，以及新兴微传感系统在智慧工业、农业和军事航空航天领域的诸多应用前景。

　　本书第1章、第6章由刘会聪、冯跃、孙立宁教授共同编写；第2章、第3章由冯跃编写；第4章、第5章由刘会聪编写。在此要衷心感谢为本书插图和资料整理做了大量工作的研究生，他们是苏州大学的夏月冬、黄曼娟、耿江军、房艳、韩玉杰、袁鑫；北京理工大学的韩炎晖、唐绪松、钟科航、周子隆。 本书在编写过程中参阅了国内外同行的研究成果，在此向原著者谨致谢意！

  由于作者水平、知识背景、研究方向限制，书中不足之处，恳请各位读者、专家不吝指正。

编著者

2018 年冬于苏州大学

目录

1 第1章 微传感系统概述

33 第2章 微系统制造技术

71　第3章　硅基微传感技术与应用

98　第4章　非硅基柔性传感技术

138　第5章　自供能微传感系统

199　第6章　新兴微传感系统应用展望

第1章

微传感系统
概述

1.1 微系统概述

1.1.1 微系统的概念

微系统（microsystems）也称微机电系统（microelectromechanical Systems，MEMS）或微电子机械系统。一般可定义为通过微米加工技术（micromachining 或 microfabrication）和集成电路（integrated circuits，IC）制造技术，集成微传感器、微执行器、驱动控制电路、接口电路、通信电路、电源等为一体的微型系统。微系统包括感知外界信息（机械、温度、声、光、电、磁、生物、化学）的微型传感器、控制外界信息的微型执行器以及信号处理和控制电路。如图 1.1 所示为典型的微系统（MEMS）组成示意图，首先传感器将外界信息转换成电信号并传递给信号控制处理电路，经过信号转换（包括模拟/数字信号的变换）、处理、分析、决策后，将指令传递给执行器，执行器根据指令对外界发生响应、操作、显示或通信等作用。传感器可以实现能量的转化，信号处理部分可以进行信号转换、放大、计算等处理，执行器则根据指令自动完成人们所需要的操作，这样就形成具有感知、决策、通信和反应控制能力的智能集成系统。

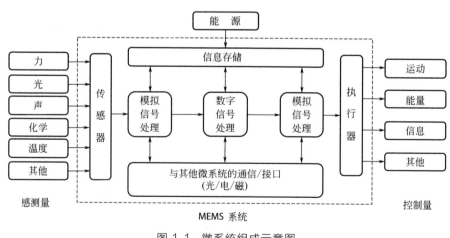

图 1.1 微系统组成示意图

微系统融合机、电、光、磁、生、化等多个领域，具有微型化、集成化、智能化、成本低、性能高、可批量生产等优点，已经被广泛应用于生物医疗、能源环境、汽车电子、消费电子、无线通信、国防、航空航天等领域，并将继续对人类的科学技术、工业生产、能源化工、国防等领域产生深远影响。

微系统的概念通常指上述较为全面的功能集成体，但由于制造能力、集成封装技术等的限制，目前多数微系统只包含了微机械结构、微传感器、微执行器中的一种或几种，以及部分控制处理电路。这种情况下通常用 MEMS 这一名词来代替"微系统"，目前 MEMS 已被世界各国广泛接受，根据不同的场合，可以指微系统的"产品"，也可以指设计这种"产品"的方法和制造技术手段。

1.1.2 微系统的基本特点

MEMS 的最大特点是尺寸微小，其结构特征尺寸一般在微米级到毫米级。常见的 MEMS 产品尺寸一般在 3mm×3mm×1.5mm，甚至更小。例如美国 ADXL 单轴、双轴、三轴全系列加速度传感器的结构特征尺寸在一百到几百微米 [图 1.2(a)]。德州仪器发布的微型投影芯片 nHD，仅有几颗米粒的大小，超轻超薄的设计也使其发热量和功耗进一步减小 [图 1.2(b)]。微纳操作器的局部尺寸仅在微米级甚至纳米级水平。MEMS 的这一优势，可以大幅减小重量和体积，意味着有效空间的增加和功耗的大幅降低，这为卫星、航行器、汽车、手机等高集成度系统带来巨大的发展潜力。未来，MEMS 产品甚至可以进入血管、细胞等人体狭小空间内执行功能和复杂操作，如疏通血栓、靶向给药治疗等。

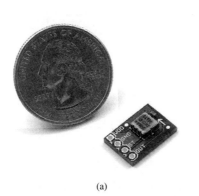
(a)

(b)

图 1.2 (a)ADXL 加速度传感器和（b）德州仪器 nHD 芯片

MEMS 的另一个显著特点是智能化和集成化。MEMS 系统集成了各种不同功能的传感器、执行器、微能源和信号处理单元，可以独立与外界进行信息和能量交换控制，从而实现智能化系统。例如美国 Case Western Reserve 大学研究开发的集成 MEMS 流体处理系统，包括各种微阀门和微量泵。这一装置将传感、传动和控制单元集成到一个单片式流体控制系统中，系统将通过压力强度、流速或温度控制流体流动[1]。目前，国内外正在研制的微纳卫星，采用 MEMS 技术，可将常规卫星上的许多部件微型化，例如气相分析仪、环形激光光纤陀螺、图像传感器、微波收发射机、电动机、执行器等，制作成专用集成微型部件或仪器，甚至在同一芯片上构成芯片级卫星，提高卫星信息获取和防御能力，降低卫星制作和发射成本[2]。

MEMS 的另一个不可忽视的特点是交叉性和渗透性。MEMS 是典型的多学科交叉的前沿性研究领域，涉及自然科学及工程技术的绝大多数领域，如电子工程、机械工程、物理科学、化学科学、生物医学、材料科学、能源科学等。因此，MEMS 为智能系统、消费电子、可穿戴设备、智能家居、合成生物学、微流控、航空航天、军事武器、无线通信等领域开拓了广阔的应用空间。常见的产品包括 MEMS 加速度计、MEMS 麦克风、微马达、微泵、微振子、MEMS 压力传感器、MEMS 陀螺仪、MEMS 湿度传感器、射频 MEMS 等以及它们的集成外延产品[3]。

另外，MEMS 还具有成本低和易于批量化生产等特点。微系统是在微电子的基础上发展而来的，由于采用了微加工和集成电路（IC）制造技术，因此可以像集成电路产品一样大批量并行制造，且力求与 IC 技术集成或兼容，易于实现阵列结构和冗余结构，这对于降低制造成本、减小噪声和干扰、提高信号处理能力和可靠性具有重要作用。但是，由于 MEMS 结构多样性和功能复杂性的特点，MEMS 制造和 IC 制造的差异很大，其制造工艺引入多种新的微加工方法，因此 MEMS 产品的生产线工艺研发成本较高。

MEMS 的尺寸效应是指 MEMS 不完全是宏观对象尺寸的按比例缩小。在 MEMS 尺度范围内，常规的宏观物理定律仍然适用，但影响和控制因素更加复杂多样。物理化学场的耦合作用、器件的比表面积和比体积急剧增大，使宏观状态下忽略的因素如表面张力和静电力等成为 MEMS 范畴的主要影响因素。因此，MEMS 并不是宏观系统的简单缩小，而是包含了新原理和新功能。例如适用于微小构件夹持和操作定位的微夹持器在设计上需要综合考虑微操作过程中占主导地位的范德华力、静电力和表面张力的作用，才能实现稳定拾取和可靠释放[4]。微马达不仅结构与传统宏观马达不同，其利用静电驱动的工作原理也与宏观磁力驱动马达不同。

1.2 微传感系统的概念

一般来说，微传感系统的概念包括三个层面的含义。

① 单一微传感器。微传感器是感知和测量各种物理量、化学量的微小器件，是研发和产业化最早的 MEMS 器件。微传感器敏感元件的尺寸从毫米级到微米级，甚至达到纳米级，主要采用精密加工、微电子以及微加工技术，实现传感器尺寸的缩小。

② 集成微传感器。将微小的敏感元件、信号处理器、数据处理器封装在一块芯片上，构成集成微传感器。

③ 微传感器系统。不仅包括微传感器，还包括微执行器，可以独立工作，甚至可以由多个微传感器组成传感器网络或者可实现异地联网。

1.2.1 微传感器

狭义地讲，传感器是"将外界信号变换为电信号的一种装置"；广义地讲，传感器是"外界情报的获取装置"。中国国家标准（GB/T 7665—2005）规定，传感器（transducer/sensor）的定义是：能感受规定的被测量并按照一定的规律转换成可以输出的信号的器件或装置，通常由敏感元件和转换元件组成。其中，敏感元件（sensing element）是指传感器中能直接感受或响应被测量的部分；转换元件（transduction element）是指传感器中能将敏感元件感受或响应的被测量转换成适用于测量或传输的电信号的部分。由此可见，传感器主要实现两大基本功能：其一是拾取信息；其二是将拾取的信息进行变换，使之成为一种与被测量有确定函数关系的、便于处理和传输的量，一般为电量。由于被测量的千差万别，传感器的种类也多种多样，分类方式也不尽相同。一般来说，按照敏感原理传感器可分为物理、化学和生物传感器。对于传感器而言，要求它具有一定的灵敏度、稳定性和动态特性。

微传感器是感知和测量物理、化学、生物信息的微型器件，通过微电子加工、微机械加工等精密加工工艺制作而成，是研究时间最长、产业化最早、产值最高的 MEMS 器件。微传感器的探索研发开始于 20 世纪 60 年代，经过多年发展已逐步走向成熟。在 20 世纪 70 年代，IBM 实验室的 Kurt Petersen 等研制了隔膜型（diaphragm-type）硅微加工压力传感器，采用体硅 MEMS 技术得到嵌有压阻传感器的极薄隔膜。当隔膜上下表面存在压力差时会发生机械变形，产生机械应力。嵌入隔膜的压阻敏感器件可以检测应力变化。这种传感器可进行批量生产，且在压力差一定情况下比传统薄膜型（membrane-type）灵敏度更高，因此在医疗行业得到成功应用，经典案例是 NavaSensor 公司的用于血压测量的硅微压力传感器。

20 世纪 70 年代以来，随着 MEMS 微加工技术的发展，各种各样的微传感器不断涌现，逐渐成为传感器家族中不可或缺的重要组成部分。微传感器的测量对象从机械量的位移、速度、加速度到热力学的温度和基于温度特性的红外图形，以及光学、磁场、化学成分变化和生物分子等。与传统传感器相比，微型传感器具有体积小、重量轻、功耗低、便于集成、功能灵活、成本低廉、可规模化生产等特点。但目前多数微传感器对环境要求相对较高，如工作温度和湿度须控制在一定范围内。此外，微传感器的测量对象还相对较少，有待进一步提高 MEMS 技术水平和开展相关研发来扩展。

1.2.2 集成微传感器

集成微传感器是对单一微传感器功能的扩展，采用 MEMS 工艺与集成电路制造技术，如 CMOS、Bipolar 和 BiMOS 工艺等，将微传感器、信号处理器、数据处理器封装在同一芯片上。微传感器的集成化一般包含三方面含义：其一是将微传感器与后端的放大电路、运算电路、温度补偿电路等实现一体化集成；其二是将同一类微传感器集成于同一芯片，构成阵列式微传感器；其三是将几个微传感器集成在一起，构成一种新的微传感器。从功能上讲，集成微传感器不仅可以包括多种信息量的感知单元，还包括了信号的处理、数据的传输等功能单元。目前，大多数的商业化微传感器芯片属于集成微传感器。

例如 Analog Device 公司制造的单片 ADXL103/ADXL203 单轴/双轴微加速度传感器，利用表面微加工技术制造的悬空多晶硅梳状叉指电容，BiMOS 工艺制造的信号处理电路分布在测量结构的周围。当有加速度时，作用在质量块上的惯性力使可动叉指和固定叉指之间的距离改变，引起叉指电容变化，通过周围集成电路测量电容信号，并将电容信号转换为加速度信号。InvenSense 的 MPU-9250 九轴惯性测量单元（IMU），在 MEMS 单晶片上结合三轴加速度计、三轴陀螺仪，并整合了三轴磁力计，如图 1.3 所示。该集成微传感器尺寸非常小，具有足够高的线性加速度和旋转角速度灵敏度以适应导航活动、虚拟现实游戏等多种功能。此外，在生物医疗方面，现已开发出了可同时检测钠、钾和氢离子的集成微传感器，该器件尺寸为 2.5mm×0.5mm，可直接用导管送到心脏内，用于检测血液中钠、钾、氢离子浓度，对诊断心血管疾病有重大意义。

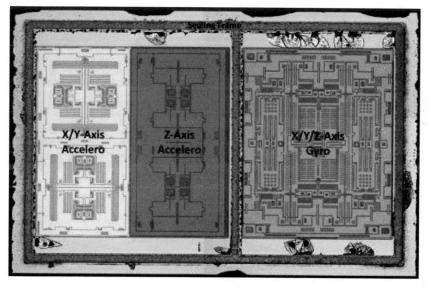

图 1.3　InvenSense 的九轴惯性测量单元（IMU）

1.2.3　微传感器系统

伴随着 MEMS 技术、计算机和通信技术的发展，在实际应用中，常常需要多个微传感器、微执行器、微处理器以及通信模块等协同工作，甚至组成传感器网络实现异地联网工作。采用多个微传感器为特征的微传感系统逐渐成为微传感器研究的一个重要方向。例如，在进行环境监测或天气预报时，需要在一定区域内布置多个微传感器节点，每个微传感器节点要监测温度、湿度、气压、风速、大气成分等多方面信息，各种数据综合分析才能得到比较准确的结果。

微传感器系统的实现需要三个方面的基础，包括性能高、体积小、能耗低的微传感器，高性能的微计算机芯片，多种方式的信息通信技术。

首先，微传感器自身尺寸的小型化和能耗的降低，为构建微传感器系统提供了可能。其次，微传感器系统不仅仅是多个传感器的简单堆叠，在系统中不同微传感器可以共享公共的计算资源和通信资源。同时，无线通信技术以及网络通信技术的发展将微传感系统进一步扩展为无线传感网络（wireless sensor network）以及物联网（internet of things）的概念。

无线传感网络（WSN）是由大量静止或移动的传感器节点以自组织和多跳的方式构成的无线网络，目的是协作完成采集、处理和传输网络覆盖区域内感知对象的监测信息，并报告给用户分析处理，如图1.4所示。传感节点是无线传感网络的基本组成单元，单个传感器节点的能耗很低，但是一个传感器网络通常由成千上万个节点组成，所以整体能耗是巨大的。通常情况下，传感器节点采用电池供电的方式，但是电池体积大，而且携带的能量十分有限，只能维持几个月的供电，加上传感节点数量众多，分布广，部署区域复杂，有些区域甚至人员都无法到达，所以通过更换电池的方式给传感器节点补充能源是不现实的[2]。如何高效收集环境能源来最大化网络生命周期是传感器网络面临的首要挑战。因此，发展自供电无线传感节点是微传感系统的重要发展方向，这部分内容将在第5章进行详细论述。

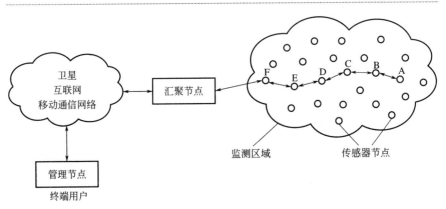

图1.4 无线传感网络构成示意图

1.2.4 微传感系统的主要特点

相较于传统（宏）传感器和（宏）传感系统，微传感器或微传感系统具有一系列特点和优点。

① 微结构，微尺寸。传统（宏）传感器的最小构件尺寸通常是毫米（mm）量级，而微传感器的最小构件尺寸则是微米（μm）、亚微米（$0.1\mu m$）甚至纳米（nm）量级。因而传统传感器的制造加工方法并不适用于微传感器制造，而应采用适于微米和纳米尺度的制造技术，即 MEMS 微加工技术。它包括光刻、刻蚀、薄膜沉积、外延生长、离子注入和扩散等（详见第3章）。绝大多数基于 MEMS 工艺的硅基微传感器，可能包含薄膜、悬臂梁、两端固定梁、敏感质量块、梳状齿等活动构件，以及孔、空腔、沟槽、锥柱体等各种微结构，与功能敏感材料和高性能微电子线路相结合构成能量变换装置。

② 体积小，重量轻。由于微传感器的构件尺寸大多在微米级，这使得器件的整体尺寸也大大缩小，微传感器封装后的尺寸大多为毫米量级，甚至更小。例如，压力微传感器的体积可以小到放入血管内测量血液流动情况，或装载到飞机或发动机叶片表面，测量气体的流速和压力。器件体积的大大缩小也带来了重量的大幅减轻，微传感器的重量一般在几克到几十克之间，这对于航空航天领域的应用意义重大。例如，一架航天飞机需要安装成百上千个各种用途的传感器，用质量只有几克的微传感器取代宏传感器，可以极大减轻飞机重量、降低能源消耗和发射成本，同时节约了空间和重量后可以携带更多有用的设备。

③ 性能好，易于测量。微传感器测量精度高，具有温度稳定性，不易受外界温度的干扰。微传感器重量轻、惯性小，动态响应快，不会对系统的动态特性产生严重干扰。在动态应用中具有宽频带响应，使用范围可从直流到兆赫（MHz）量级。微传感器体积小，便于安装，不易受被测参数干扰，非常适合分布场测量。例如，在涡轮发动机的压缩叶片上，常需要标定出紊流压力分布场。为了不影响被测压力场的完整性，采用分布贴片安装微型压力传感器阵列进行接近点压力的测量，可如实反映涡轮发动机的性能状况。

④ 能耗低。微传感器以及微传感系统一般采用电池供电。由于其工作电压比较低，能耗低，这不仅延长了电池的使用时间，而且为系统在一定场合下的长时间工作提供了可能，也降低了更换电池的人力物力成本。

⑤ 成本低，易于批量生产。微传感器一般采用 MEMS 微加工工艺制造，与半导体制程工艺类似，该工艺的一个显著特点是适合批量生产。大批量生产使得微传感器芯片的生产成本大大降低。

⑥ 集成化，多功能化。在微传感系统中，可以充分利用 MEMS 微加工工艺的特点，实现集成化和多功能化。可以将微传感器与处理电路

集成，亦或将同类微传感器集成于同一芯片构成微传感阵列，甚至将几个微传感器集成为新的微传感系统，从而能感知和转换两种以上不同的物理、化学参量。例如，把测量和控制气动涡流和扰动气流的 MEMS 单元（微传感器、微执行器和集成电路）分布嵌入飞机机翼表面，便可连续感知并对气流扰动和涡流形成主动抑制，降低气动阻力，改善飞行性能。又如，为确保微型卫星在规定空间轨道运行，需要精确控制卫星姿态，即控制空间位置和方位角。卫星姿态控制系统包括硅基光敏薄膜太阳传感器、惯性传感器（加速度计＋陀螺仪）、地球传感器、全球定位系统（GPS）接收器和卫星跟踪定位器，来精确校正卫星的姿态。

⑦ 智能化，网络化。微传感系统引入微处理器技术，将单一敏感功能扩展为集信息获取、处理、存储、传输等模块为一体。系统具备自检、自校、数字补偿、双向通信、信息总线兼容等功能，不仅提高了传感器的精度、动态范围和可靠性，同时降低成本，这种系统称为微传感系统的智能化，或简称智能微传感系统。随着网络技术的发展，智能微传感系统迈向更高层次，即智能无线传感器网络（WSN）。WSN 中每个智能传感器视为网络中的一个节点，节点之间用无线设备连通形成感知网络，该网络可进行环境变化监测、设备监测、结构体安全监测等，智能传感节点通过无线通信将监测数据发送到主机终端，如果有任何异常情况发生，可提前预警和远程实时分析。

1.3 微传感系统的基本特性

1.3.1 微传感器的静态特性

静态特性是微传感器与测量系统的重要特性指标。微传感器的静态特性是指在稳态条件下，微传感器的输出与输入之间的关系。微传感器静态特性曲线可描述为：

$$y = f(x) \tag{1.1}$$

式中，y 为输出量；x 为输入量。

理想情况下的微传感器输出-输入特性曲线是线性的，如图 1.5(a) 所示，即输出与输入之间的关系满足：

$$y = k_1 x + k_0 \tag{1.2}$$

式中，k_0，k_1 为常数。

实际情况下，许多微传感器的输出-输入特性曲线是非线性的，如果不考虑迟滞和蠕变效应，一般可用多项式表示为：

$$y = k_0 + k_1 x + k_2 x^2 + \cdots + k_n x^n \tag{1.3}$$

理想的线性输出-输入曲线很难得到。如果不考虑零位输出，图 1.5(b) 和 (c) 分别表示多项式 [式(1.3)] 仅有偶次非线性项 （即 $y = k_0 + k_1 x + k_2 x^2 + k_4 x^4 + \cdots$） 和仅有奇次非线性项 （$y = k_0 + k_1 x + k_3 x^3 + k_5 x^5 \cdots$）。偶次项缺乏对称性，线性范围较窄。奇次项相对于坐标原点对称，一般具有较宽的近似线性范围，因此成为相对比较理想的特性曲线。

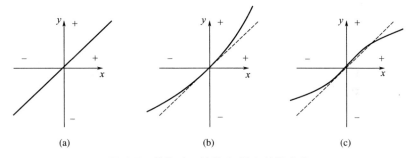

图 1.5　微传感器的输出-输入特性曲线

采用差动结构的微传感器结构可以有效去掉特性曲线中的偶次非线性项。即微传感器的正向一边输出为 $y_1 = k_0 + k_1 x + k_2 x^2 + k_3 x^3 + \cdots + k_n x^n$，另一边反向输出为 $y_2 = k_0 - k_1 x + k_2 x^2 - k_3 x^3 + \cdots + (-1)^n k_n x^n$，则总输出为二者之差，即 $y = y_1 - y_2 = 2(k_1 x + k_3 x^3 + k_5 x^5 + \cdots)$。显然，采用差动结构后，不仅可以消除偶次项，增大线性范围，同时可以使微传感器的灵敏度提高一倍。

下面给出微传感器常用的静态特性参数。

（1）灵敏度

灵敏度指的是微传感器的输出变化量和输入变化量的比值，用 S_0 表示。

$$S_0 = \frac{\Delta y}{\Delta x}$$

对于线性或近似线性的微传感器，灵敏度就是微传感器特性直线段的斜率（如图 1.6 中的 $\Delta y / \Delta x$）。对于非线性微传感器，灵敏度可用其一阶导数形式表示。市场上的传感器一般会为用户提供线性特性输出段的灵敏度。如某位移传感器的灵敏度为 $100 \mathrm{mV/mm}$，表明该传感器对应

1mm 的位移量可有 100mV 的输出变化量。灵敏度也存在误差，称为灵敏度误差，即实际灵敏度偏离理论灵敏度的程度（如图 1.6 中的虚线）。

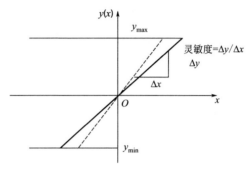

图 1.6　微传感器的灵敏度

（2）线性度

微传感器的实际输出-输入特性只能接近线性，与理论直线相比往往有一定的偏差，实际曲线和理论直线之间的偏差称为微传感器的非线性误差。线性度指微传感器特性曲线与其规定的拟合直线之间的最大偏差 Δ_{max} 与微传感器满量程输出 y_{FS} 之比的百分数，即

$$\gamma_{L} = \frac{|\Delta_{max}|}{y_{FS}} \times 100\%$$

值得注意的是，线性度的数值与采取的直线拟合方法有关，不同的拟合直线可得到不同的线性度指标，如图 1.7 所示。

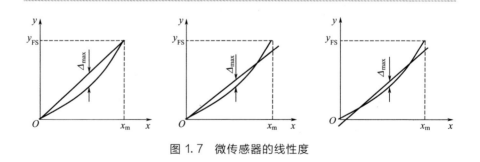

图 1.7　微传感器的线性度

（3）迟滞

迟滞是指微传感器的正行程特性曲线和反行程特性曲线不一致的程度。如图 1.8 所示，迟滞误差一般用正、反行程特性曲线的最大差值与

满量程输出值之比的百分数表示，即

$$\gamma_H = \frac{|\Delta H_m|}{y_{FS}} \times 100\%$$

微传感器的迟滞现象使得当前的输出值不仅取决于当前的输入值，而且与过去的输入值有关。对于物理量微传感器，迟滞一般是由于塑形变形或磁滞现象引起的，可通过对敏感元件的优化设计加以改善。对于以分子间相互作用为基础的化学量微传感器而言，由于分子间的

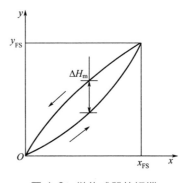

图 1.8　微传感器的迟滞

结合和分离很难做到完全，因此迟滞特性尤为重要，因此一般化学量微传感器均会给出这一指标。

（4）重复性

重复性指微传感器输入量按同一方向作全量程连续多次重复测量时，所得输出-输入曲线的不一致程度。重复性误差用满量程输出的百分数表示，即

$$\gamma_R = \pm \frac{|\Delta R_m|}{y_{FS}} \times 100\%$$

（5）精度

精度指微传感器测量值与被测真值之间的最大偏差。一种常见的表示方法是综合考虑微传感器的线性度、迟滞、重复性三方面误差，按照下式计算微传感器精度。

$$\gamma = \sqrt{\gamma_L^2 + \gamma_H^2 + \gamma_R^2}$$

（6）阈值与分辨率

当输入量变小到某一值时，即测量不到输出量变化，这时的输入量称为微传感器的阈值。分辨率是指微传感器可测量到输出量变化的最小输入量变化值。微传感器的阈值以输入量的值来衡量，往往与敏感机理或敏感元件的结构有关，因此对输出信号进行放大无助于该性能指标的提高。

（7）量程

量程指微传感器允许测量的输入量的最大值和最小值。如某压力微传感器的量程为 $-300 \sim +300\mathrm{mmHg}$（$1\mathrm{mmHg} = 0.133\mathrm{kPa}$），说明该传

感器当输入压力在 $-300\sim+300\mathrm{mmHg}$ 之间变化时可有相应的线性输出，超出这一范围，微传感器的输出值有可能会随压力变化而有一定的改变，但无法保证输出量与输入压力值的对应关系。

(8) 稳定性

影响微传感器稳定性的因素较多，主要包括零点漂移和温度漂移。其中，时间零点漂移指微传感器的输出零点随时间发生漂移的情况；温度零点漂移指微传感器的输出零点随温度变化发生漂移的情况；灵敏度温度漂移指微传感器的灵敏度随温度变化发生漂移的情况。输出零点的漂移可通过选择高稳定性器件、优化电路参数等方法减小，而与温度相关的漂移则可采用温度补偿的方法加以限制。

1.3.2　微传感器的动态特性

在实际测量中大量的被测量是随时间变化的动态信号，微传感器的输出不仅需要精确显示被测量的数值，还要显示被测量随时间变化的规律，即被测量的波形。微传感器测量动态信号的能力用动态特性表示。动态特性是指微传感器对于随时间变化的输入量的响应特性，是微传感器的输出值能够真实反映输入量变化的能力。动态特性好的微传感器，其输出量随时间变化的曲线与相应输入量随同一时间变化的曲线近似或相同，即输出-输入具有相同类型的时间函数，因此可实时反映被测量的变化情况。

微传感器动态特性和静态特性的描述形式不同。静态特性反映微传感器对稳定输入的响应能力，与时间无关。而动态特性则反映微传感器对动态输入的响应情况，与时间有关。例如，零阶、一阶和 n 阶微传感器的动态特性可分别表示为：

零阶 $\qquad\qquad\qquad y(t)=kx(t)$

一阶 $\qquad\qquad a_1\dfrac{\mathrm{d}}{\mathrm{d}t}y(t)+a_0y(t)=x(t)$

n 阶 $\quad a_n\dfrac{\mathrm{d}^ny}{\mathrm{d}t^n}+a_{n-1}\dfrac{\mathrm{d}^{n-1}y}{\mathrm{d}t^{n-1}}+\cdots+a_1\dfrac{\mathrm{d}y}{\mathrm{d}t}+a_0y(t)=b_0x(t)$

用于描述微传感器动态特性的主要指标有两个。首先，由于贮能元件的存在，微传感器对动态输入信号的响应一般与输入信号的时间函数不会完全相同，用于描述这种输出和输入间差异的参数即动态误差。由于微传感器的动态特性与时间有关，因此微传感器的另一个重要指标为响应时间。

用于研究微传感器动态特性的激励信号多种多样，常见的激励信号包括周期性的正弦输入信号、复杂周期输入信号、非周期性的阶跃信号输入、线性输入、瞬变输入以及各种随机输入信号等。其中，正弦输入和阶跃输入是分析和标定微传感器动态特性的主要依据。当采用正弦输入作为评价依据时，一般使用幅频特性和相频特性进行描述，评价指标为频带宽度，即带宽。微传感器输出增益变化不超过某一规定分贝值的频率范围，相应的方法称为频率响应法。当采用阶跃输入为评价依据时，常用上升时间、响应时间、过调量等参数来综合描述，相应的方法称为阶跃响应法。

1.3.3 微传感器的分类

根据人们关注角度的不同，微传感器的分类标准也不尽相同，如图 1.9 所示。根据在检测过程中对外界能源的需求，可分为无源微传感器和有源微传感器。有源微传感器的特点在于敏感元件本身能将非电量直接转换成电信号，如压电转换、热电转换、光电转换等。无源微传感器的敏感元件本身不能进行能量转换，而是随输入信号改变本身的电特性，因此必须外加激励源才能得到输出信号，如热敏电阻、压敏电阻等。根据输出信号的类型，可将微传感器分为模拟和数字型两类。模拟微传感器将被测量的非电学量转换成模拟电信号；数字微传感器将被测量的非电学量转换成数字信号输出。微传感器还可以根据工作方式不同分为偏转工作方式和零示工作方式。

从应用角度，最常用的微传感器分类方法一种是按照被测对象或用途来分类。如测量物理量的微传感器包括位移、速度、流量、液位、温度、压力等微传感器，测量化学生物量的微传感器包括嗅觉、味觉、化学成分、基因、蛋白质等微传感器。由于自然界需要测量的物理、化学、生物量几乎有无限多个，因此这种按照被测对象分类的方式难以涵盖所有类别。另一种被研究人员普遍采用的分类方式是按照微传感器的敏感原理或工作原理来分类。这种分类方式极大减少了微传感器的类别，也有助于研究人员直接了解器件的敏感工作机理，便于微传感器与后端信号调理电路的研究。

从能量域的角度，微传感器属于换能器的一种，可以实现信号和能量由一种能量转变为另一种能量。当前比较受关注的能域主要有六种：电能（E）、机械能（Mec）、磁能（Mag）、热能（T）、化学能（C）、辐射能（R）。图 1.10 列出了这六种主要能量域的常用参数。一个系统中的总能量可能由几种不同能量域组成，同时，在不同的环境条件下，各能量域之间可以相互转换。通常微传感器可以转换不同能量域的激励信号，因此我们才能检测到这些信号，同时微传感器可以将激励信号转换成电能，这样信号才能与控制器、记录仪、计算机进行对接。例如热电偶温度传感器将温度（热能）信号转换为电压（电能）信号，利用处理电路就可以读取温度值。通常情况下，一种换能的实现并不限于一种敏感机理，如探测温度变化利用电阻值变化、液体体积膨胀、辐射能变化、谐振量的谐振频率变化、化学反应活性变化等都可以实现。

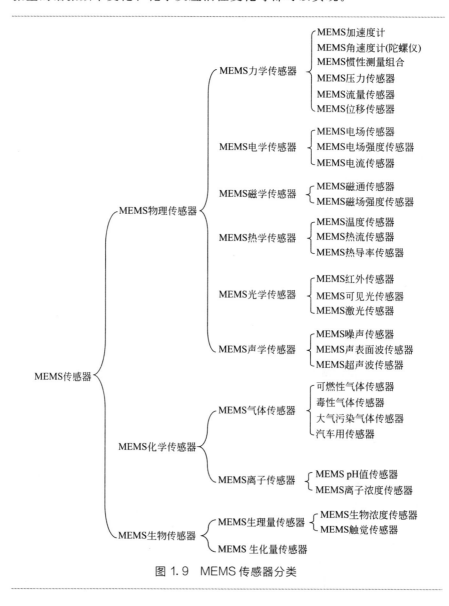

图 1.9 MEMS 传感器分类

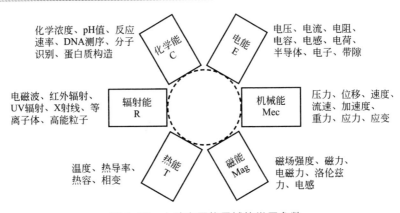

图 1.10　六种主要能量域的常用参数

下面探讨几种典型的传感原理的能量域转换。加速度传感（Mec→E转换）：在有加速度情况下，带有质量块的微悬臂梁会受到惯性力的作用。惯性力会使微悬臂梁产生一定的变形。该变形可用压敏电阻测得或电容测量方法测得（Mec→E）。此外，惯性力会使加热后的流体产生移动，因此可利用温度传感测量（T→E）。嗅觉传感（C→E转换）：对于特定分子的浓度监测，可以通过多种方法实现。例如碳基材料可以吸附表面声波器件传输通道中的某些分子，使器件的电阻率发生改变（C→E），同时也会改变器件的机械特性，如表面声波传输速率（C→M→E）。此外，化学分子的结合可以改变某些化合物的颜色，利用光电二极管可以检测颜色的变化（C→R→E）。

1.4　微传感系统的常用材料

1.4.1　单晶硅与多晶硅

单晶硅（Si）为中心对称的立方晶体，如图 1.11 所示为单晶硅的晶胞及其主要晶面——（100）、（110）和（111）面，晶面的法线称为晶向。在单晶硅的不同晶面上，原子密度不同，故其物理性质如弹性模量、压阻效应、腐蚀速率等表现出各向异性的特征。单晶硅材料密度低，弯曲强度高，是不锈钢的 3.5 倍，具有较高的刚度/密度比和强度/密度比。单晶硅具有很好的导热性，是不锈钢的 5 倍，但热膨胀系数不到不锈钢的 1/7，可以避免热应力的产生。单晶硅的电阻应变灵敏度高，在同样条件下可得到比金属应变计更高的信号输出。单晶硅材质纯，机械品质因数可达 10^6 量级。因此基于单晶硅的微传感系统能达到极小的迟滞、蠕变，极佳的重复性和长期稳定性。此外，单晶硅材料的制造工艺和集成电路工艺有很好的兼容性，这便于硅微传感系统生产的批量化、集成化。但是，单晶硅材料的电阻率和压阻系数对温度极敏感，基于硅压阻效应的微传感器需要进行温度补偿。

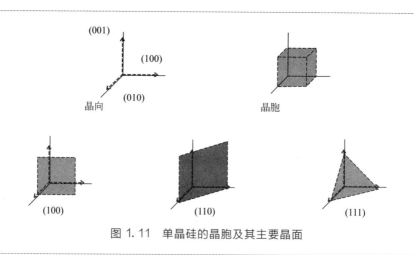

图 1.11　单晶硅的晶胞及其主要晶面

多晶硅（poly-Si）是由许多硅单晶晶粒无序排列组成的聚合物，故多晶硅没有取向问题。每个晶粒内部有单晶的特征，晶粒之间彼此隔开形成晶界阻挡层。晶界对多晶硅的物理性质影响明显，但可以通过控制掺杂原子浓度来调节。多晶硅膜的电阻率比单晶硅的高，特别在低掺杂浓度下，多晶硅膜的电阻率会迅速上升。这是由于随着掺杂浓度的降低，晶界阻挡层宽度增大，晶粒尺寸减小，电阻率变大。反之，当阻挡层宽度下降，晶粒尺寸增大，电阻率变小。不同掺杂浓度的多晶硅的电阻温度系数在很大范围内变化，低掺杂时会出现较大负值，随着掺杂浓度的增加，电阻温度系数逐渐升高并达到正值，并与单晶硅的电阻温度系数趋近。多晶硅的电阻应变灵敏系数随掺杂浓度的增加而略有下降。其中纵向应变灵敏系数最大值约为金属应变计最大值的 30 倍，为单晶硅电阻应变灵敏系数最大值的 1/3。此外，虽然多晶硅压阻膜的压阻效应与单晶硅压阻膜略低，但可以沉积在不同的衬底材料上，并且无 PN 结隔离问题，能适合更高的工作温度。因此在微传感系统中较多采用多晶硅材料，利用其较宽的工作温度、可调节的电阻特性、可调节的温度系数、较高的应变灵敏系数等特性。

1.4.2　氧化硅和氮化硅

硅的氧化物（SiO_2）是一种常用的介电材料，其介电常数低，电阻率非常高，其容易成形、黏附力强。氧化硅不仅能掩蔽杂质的掺杂，而且能为器件表面提供优良的保护层。在硅微传感器中，常选用氧化硅作为绝缘层或起尺寸控制作用的衬底层，以及填充预备空腔的牺牲层。氧化硅的沉积工艺及应用技术已经非常成熟，在加工工艺中需要注意氧化硅的热膨胀系数比硅小，因此硅衬底表面的氧化硅通常会受压应力作用。

硅的氮化物（Si_3N_4）也是一种优良的介电材料，其介电常数低，电阻率非常高，且不会受氧化作用影响。相对于硅材料，氮化硅可耐受多种化学腐蚀，能为微传感器表面提供优良的钝化层。氮化硅薄膜常用于覆盖在硅微传感器的表面，起到防腐蚀、耐磨的作用。由于氮化硅具有很高的机械强度，适合制作膜片、梁等很薄的微结构。与氧化硅相反，氮化硅的热膨胀系数比硅要大，因此通常处于拉应力状态。

1.4.3　半导体敏感材料

以半导体硅为代表的半导体材料，是制作微传感器的重要敏感材料，因为它对光、热、压力、磁场、辐射、湿度、气体、离子等都能够响应并输出电信号。表 1.1 列举出采用单晶半导体材料制作的典型微传感器的例子。可以看出，单晶半导体硅材料是非常优异的微传感器材料，可以响应多种物理量和化学量，而且它还能够利用成熟的 IC 和 LSI 制造技术，成为微传感器集成化、智能化必需的材料基础。

表 1.1　采用单晶半导体材料制作的典型微传感器举例

传感器	效应	材料	用途
光传感器	光生伏特效应	Si，a-Si，Ⅱ-Ⅵ族薄膜/Si-IC，Ⅱ-Ⅴ-Ⅵ族薄膜/Si-IC，荧光体/Si-IC	固体紫外可见光，图像传感器
		Si-IC，Pt 或 Ir/Si-IC，Ⅱ-Ⅵ族/Si-IC，HgCdTe，InSnTe	固体可见光，图像传感器
		Au-ZnS，Ag-ZnS，Si，Ge，InP，GaAs，InSb，InAs	光生伏特元件
		Si-IC，有机彩色滤光片/Si-IC	彩色传感器

续表

传感器	效应	材料	用途
光传感器	光导电效应	Se-As-Te,PbO	紫外光摄像管
		Se,CdS,CdSe,ZnO	光导电元件
		PbO,CdTe,PbO-PbS,a-Si	可见光摄像管
		ZnS-CdTe,Si,ZnCdTe	红外光摄像管
	热电效应	$PbTiO_3/Si,PVF_2/Si$	光摄像管
磁传感器	霍尔效应	Si-IC,InSb,InAs,Ge,GaAs	位置测量
	磁阻效应	Ni-Co/Si-IC,InSb,InAsBi	无接触开关
压力传感器	压电效应	$ZnO/Si-IC,PVF_2/Si-IC$	触觉传感元件
	压阻效应	Si,Si-IC,Ge,GaP,InSb,In-AsBi	压觉传感元件
气体传感器	吸附阻抗变化	陶瓷 $Si-IC,SnO_2$	
	吸附引起功函数变化	金属/PET	
	气体色谱法	Si-IC	携带式气体分析仪
湿度传感器	吸附阻抗变化	聚合$/Si-IC,Al_2O_3/Si-IC$	
加速度传感器	压阻效应	Si-IC	
	压电效应	ZnO/Si-IC	
化学传感器	FET 的栅电压变化	无机薄膜/Si-IC	pH 值,Na^+,K^+,酶激素,抗原,抗体等检测
	门控制型二极管	生物体关联薄膜/Si-IC	
温度传感器	热电动势	Si-IC	热电元件
	BIP 晶体管温度测量	Si-IC	温度计
流量传感器	BIP 晶体管温度特性	Si-IC	气体、液体的流量测量
感温整流器	热激励电流的温度特性	Si-IC	温度控制
放射性监测器	光电导效应	Ge,Si	
超声波传感器	光电导效应	ZnO/Si-IC	超声波 CT
	压电效应	$PVF_2/Si-IC$	探头

1.4.4 陶瓷敏感材料

在微传感技术领域，采用陶瓷材料的敏感元件占有重要地位。陶瓷工艺与半导体特性的结合，促成了半导体陶瓷材料（简称半导瓷）的发展。表1.2列举了采用半导体陶瓷材料制作的敏感元件和微传感器实例。

表1.2 采用半导体陶瓷材料制作的敏感元件和微传感器

传感器	输出	效应	材料	用途
温度传感器	阻抗变化	载流子浓度（NTC）	NiO, FeO, CoO, MnO, CoO-Al$_2$O$_3$, SiC	温度计,测辐射热器
		随温度的变化（PTC）	半导体 BaTiO$_3$（烧结体）	过热保护传感器
		半导体-金属相转移	VO$_2$, V$_2$O$_3$	温度开关
	磁化变化	铁磁性-顺磁性转移	Mn-Zn 系铁氧体	温度开关
	电势	氧离子浓差电池	稳定性氧化锆	高温耐腐蚀性温度计
位置、速度传感器	反射波的波形变化	压电效应	PZT:锆钛酸铅	鱼群探测器、探伤计、血压计
光传感器	电势	热电效应	LiNdO$_3$, LaTaO$_3$, PZT, SrTiO$_3$	红外线检测
	可见光	反斯托克斯定律	LaF$_3$(Yb,Fr)	红外线检测
		波数倍增效应	压电体,Ba$_2$Na-Nb$_5$O$_{15}$(BNN), LiNbO$_3$	红外线检测
		荧光	ZnS（Cu, Al）, Y$_2$O$_2$S(Eu)	彩色电视机显像管
			ZnS(Cu,Al)	X 射线检测器
		热荧光	CaF$_2$	热荧光线计量计
气体传感器	电阻变化	可燃性气体接触燃烧反应热	Pt 催化剂/氧化铝/Pt 线	可燃气体浓度计报警器
		利用氧化物半导体对气体的吸附或解吸产生的电荷转移	SnO$_2$, In$_2$O$_3$, ZnO, WO$_3$, γ-Fe$_2$O$_3$, NiO, CoO, Cr$_2$O$_3$, TiO$_2$, LaNiO$_3$(La,Sr), CoO$_3$ (Ba,Ln), TiO$_3$ 等	气体报警器
		利用气体热传导散热造成热敏电阻温度变化	热敏电阻	高浓度气体传感器
		氧化物半导体化学当量的变化	TiO$_2$,Co-MgO	汽车排气传感器

续表

传感器	输出	效应	材料	用途
气体传感器	电动势	高温固体电解质氧气浓度电池	稳定性氧化锆（ZrO_2，CaO，MgO，Y_2O_3，LaO_3 等），氧化钍（ThO_3，Y_2O_3）	排气传感器，钢水中的氧含量分析计，CO缺氧，不完全燃烧传感器
	电量	库仑滴定	稳定性二氧化锆	磷燃烧氧传感器
湿度传感器	电阻	吸湿离子传导	$LiCl$，P_2O_5，$ZnO-Li_2O$	湿度计
		氧化物半导体	TiO_2，NiF_3O_4，ZnO，Ni 铁氧体，Fe_3O_4 胶体	湿度计
	介电常数	利用吸湿改变介电常数	Al_2O_3	湿度计
离子传感器	电动势	固体电解质浓度差电池	AgX，LaF_3，Ag_2S 玻璃膜，CdS	离子浓差传感器
	电阻	栅极吸附效应	硅（栅极 H^+：用于 Si_3N_4/SiO_2；S^{2-}：用于 Ag_2S，X^-：用于 AgX）	离子敏感性FET(ISFET)

热敏电阻是开发最早、发展最成熟的陶瓷敏感元件。热敏电阻由半导体陶瓷材料组成，包括正温度系数（positive temperature coefficient，PTC）、负温度系数（negative temperature coefficient，NTC）和临界温度（critical temperature resister，CTR）热敏电阻。PTC 热敏电阻材料以高纯钛酸钡为主晶相，通过引入微量的铌（Nb）、钽（Ta）、铋（Bi）、锑（Sb）、钇（Y）、镧（La）等氧化物进行原子价控制而使之半导化。同时，添加正温度系数的锰（Mn）、铁（Fe）、铜（Cu）、铬（Cr）的氧化物，采用陶瓷工艺成形、高温烧结而使钛酸钡及其固溶体半导化。NTC 热敏电阻材料一般是利用锰（Mn）、铜（Cu）、硅（Si）、钴（Co）、铁（Fe）、镍（Ni）、锌（Zn）等两种或两种以上金属氧化物进行充分混合、成形、烧结等工艺而成的半导体陶瓷。CTR 热敏电阻的构成材料是钒（V）、钡（Ba）、锶（Sr）、磷（P）等元素氧化物的混合烧结体，是半玻璃状的半导体，也称 CTR 为玻璃态热敏电阻。

光敏电阻和压电陶瓷在微传感系统中也有非常重要的应用。光敏电阻的半导体陶瓷受到光的照射后，由于能带间的跃迁和能带-能级间的跃迁而引起光的吸收现象，在能带内产生自由载流子，从而使电导率增加。光敏元件就是利用这种光电导效应制成的。其中烧结硫化镉多晶（CdS）

制作的光敏元件可检测从短波 X 射线到紫外光，CdS 中掺杂铜等杂质制成的薄膜多晶光敏元件可用于检测可见光，红外光传感器主要利用锰、镍、钴系复合氧化物陶瓷材料。压电陶瓷元件在某一方向受力时，在相应的电极处会产生与应力成比例的电压输出，根据压电陶瓷的这种力敏特性可将机械能转化为可检测的电信号。最常用的压电陶瓷是锆钛酸铅（PZT）、钛酸钡和铌酸锂（$LiNbO_3$）。

湿敏元件是利用水蒸气或气体在通过陶瓷材料孔隙时，在陶瓷内部扩散并吸附于粒界表面，引起界面电导率的变化而制成的。利用某些铁氧体的多孔性和表面吸湿后电阻率下降的特性，可制成镍系、锂系铁氧体湿敏元件。气敏陶瓷的电阻值随气体的浓度做有规则的变化。气敏陶瓷材料种类很多，较常用的如 SnO_2、ZnO、$\gamma\text{-}Fe_2O_3$、WO_3、ZrO_2 等氧化物系的陶瓷材料。表面吸附气体分子后，电导率将随着半导体类型和气体分子成分而变化。

1.4.5 高分子敏感材料

高分子材料是以高分子化合物为主要原料，加入各种填料或助剂制成的材料。由于可以控制和改变掺入的添加剂，使得高分子材料呈现出多种多样的特性，因此在微传感系统中得到广泛应用。使用高分子材料制作的微传感器有湿度微传感器、气体微传感器、机械微传感器（触觉、形变、压力、加速度等）、声学微传感器、离子选择微传感器、生物医学微传感器等。高分子敏感材料包括非导电性高分子材料、导电性高分子化合物高分子电解质、导电性合成高分子薄膜、吸附性高分子材料、离子交换薄膜、选择性渗透膜以及光敏高分子材料等。下面就上述主要材料作简单介绍。

非导电性高分子材料是一种绝缘材料。然而在某些特定条件下，带电电荷的引力中心可以被改变。绝缘材料的介电常数描述材料在电场中的极化性，而自发极化强度矢量则是在无电场时存在。极化性可通过机械压力或温度变化来改变，前者称为压电效应，后者称为热电效应。比较典型的压电/热电高分子材料是经过极化的聚偏二氟乙烯（PVDF）及其共聚物（PVDF-TrFE），这些材料在机械、声学和红外辐射微传感器中应用广泛。具有高自发极化强度的非导电性材料称为驻极体，比较典型的材料是电子束极化聚四氟乙烯（PTFE），可用于电容型声传感器。

导电性高分子化合物是在绝缘高分子基体中掺杂导电性填充物。电阻系数的变化与填充物的浓度有关。通常基体材料是聚乙烯、聚酰亚胺、聚酯类、聚乙酸乙烯酯、聚四氟乙烯（PTFE）、聚氨酯、聚乙烯醇（PVA）、环氧树脂、丙烯酸树脂等，使用的填充材料包括金属、炭黑，以及半导体金属氧化物。可成功用于 PTC 热敏电阻、压阻式压力、触觉、湿度和气体传感器。

含有离子单体成分或无机盐成分的有机高分子材料展现出离子导电性，因而称之为高分子电解质或聚合物高分子电解质。在敏感电解质薄膜中，电导性的提高可通过增加离子载体数量来实现，如提高高分子电解质分解的程度和离子载体的迁移率。离子导电性聚合体被广泛应用于电化学微器件中，作为固态电解质用于探测各种气体和离子成分。碱性的盐-聚醚混合物，如聚丙烯氧化物（PPO）、聚乙烯氧化物（PEO）等已经被成功用于湿度传感器。

表 1-3 列举了高分子敏感材料中可能的敏感效应、材料、选择性添加剂和传感器应用。

表 1-3   部分高分子敏感材料和传感器

编号	敏感机理	高分子材料	典型添加剂	传感器类型
1	挠性、弹性	PI、PE		机械量
2	压阻	PI、PVAC、PIB	金属粉末	机械量
3	渗透性	PTFE、PMMA	炭黑	温度
4	渗透、膨胀	聚酯类、环氧树脂类、PE、PU、PVA	V_2O_3、PPy	化学
5	压电	高分子厚膜合成物、PVDF、PZT		机械、声学
6	驻极体	PTFE、特氟龙-FEP		声学
7	介电常数、厚度和反射系数	CA、PI、PEU、PS、PEG、聚硅氧烷（PDMS）	功能组	光热电效应
8	热导率	SPC、ECP 及共聚物	盐、离子合成物	化学
9	电位	SPC、ECP 及共聚物	盐、离子合成物	气体及液体中的湿度、离子、分子
10	电位	PVCP（VC/A/Ac）	可塑性、离子载体	
11	重力	CAB、PHMDS、PDMS、PE、PTFE、PCTFE、PIB、PEI、PC-MS、PAPMS、PPMS	功能组、超分子、感受器	
12	测热法	PDMS、PSDB	催化剂	

续表

编号	敏感机理	高分子材料	典型添加剂	传感器类型
13	分子分离	CA、PE、PTFE、PVC、PP、FEP、PCT-FE、PDMS、PS、PHEMA、PU、PVA、硅橡胶		
14	色度、荧光	PVP、PAA、PVC、PVI、PTFE、PS、PHEMA、PMMA 纤维素、环氧树脂	染色剂	
15	酶免疫反应	PVC、PAA、PVA、PE、PHEMA、PEI、PUPy、PU、PMMA、ECPs(如 PPy)	酶、抗体	生物传感器

1.4.6 机敏材料

兼具敏感材料和驱动材料特征，即同时具有感知和驱动功能的材料，称为机敏材料或智能材料，如形状记忆材料、电致（磁致）伸缩材料、功能凝胶等。这些材料可根据温度、电场、磁场的变化改变自身的形状、尺寸、位置、刚性、频率、阻尼、结构，因而对环境具有自适应功能。

形状记忆材料可分为形状记忆合金（SMA）、形状记忆陶瓷和形状记忆高分子聚合物三类。其中，形状记忆合金是研究最早的一种材料。形状记忆合金在经历温度变化过程中可恢复到某种特定的形状，在较低温度下，这类材料可发生塑性变形，当在较高温度下时，又恢复到形变前的形状。一些金属在加热过程中显示形状记忆效应，称为单程形状记忆特性；有些金属在加热和冷却过程中都显示形状记忆效应，称为双程形状记忆特征。形状记忆合金的记忆效应的产生原因在于高温下长程有序的奥氏体向马氏体转变的相变过程。目前最常见的形状记忆合金是 Cu 合金，它成本低，热导率高，对环境温度反应时间短，这对热敏元件而言是极为有利的。性能最佳的形状记忆合金是 Ti-Ni 合金，这种合金可靠性好，在强度、稳定性、记忆重复性与寿命方面都优于 Cu 合金，但加工复杂，成本高，热导率比 Cu 合金要低几倍甚至几十倍。此外，Fe 基形状记忆合金也受到人们的关注。

电致伸缩材料主要是指压电材料，压电材料是一种同时兼具正、逆电-机械耦合特性的功能材料。若对其施加作用力，则在它的两个电极上将感应产生等量异号电荷，反之，当它受外加电压作用时，会产生机械变形。基于正、逆压电效应，压电材料被广泛用在各种微传感器和微驱动器上。常用的压电材料大致分为三类：第一类是无机压电材料，如压电晶体（石英）和压电陶瓷（钛酸钡、锆钛酸铅、偏铌酸铅、铌酸铅钡锂）等；第二类是有机压电材料，如聚偏氟乙烯（PVDF）等有机聚合物；第三类是复合压电材料，这类材料在有机聚合物基底材料中掺杂片状、棒状或粉状无机压电材料构成。压电材料已经在水声、电声、超声、医学等微传感领域中得到广泛应用。

磁致伸缩材料是一种同时兼具正、逆磁-机械耦合特性的功能材料，当受到外加磁场作用时，便会产生弹性形变；若对其施加作用力，则其形成的磁场将会产生相应的变化。故磁致伸缩材料在微机电系统中常被用作微传感器和微执行器。磁致伸缩材料的代表合金包括 Ni、NiCo、FeCo、镍铁氧体等，以及稀土化合物，还包括常温巨磁致伸缩材料 $TbFe_2$、$SmFe_2$ 等。

功能凝胶又称为愈合材料，这是一类具有特异功能和极强黏合力的高分子材料。它可以随环境条件（温度、压力、应力等）而变化，并能及时向结构供给能量与物质。

1.4.7 纳米材料

纳米材料是指材料几何尺寸达到纳米级尺度水平，并且具有特殊性能的材料。纳米材料由于其结构的特殊性，如大的比表面积以及一系列纳米级效应（小尺寸效应、界面效应、量子效应和量子隧道效应）决定了其不同于传统材料的独特性能。与传统材料相比，纳米材料具有许多优良"品质"。例如，纳米铜的自扩散系数比晶格铜大 10^{19} 倍；纳米硅的光吸收系数要比普通单晶硅大几十倍，纳米陶瓷（TiO_2）可变成韧性可弯曲材料等。某些纳米材料还具有抗紫外线、抗红外线、抗可见光、抗电磁干扰等诸多奇异功能。

随着纳米技术的发展，今后会有更多新效应的纳米材料问世，从而给纳米传感系统的发展提供物质基础。微纳米传感器的诞生，将极大推动微传感系统的技术水平，拓宽应用领域。例如，在生命医学领域，用纳米传感器深入细胞内部获得各种生化反应、化学信息和电化学信息，从而深化对生命科学的理解和致病机理的研究。在临床手术中，利用纳米传感器提供实时信息，以提高成功率。

1.5 微传感系统的产业现状与发展趋势

1.5.1 产业现状

MEMS 自 20 世纪 50 年代伴随着半导体技术的发展而产生，在之后的 60 年间不断发展和完善，取得了一系列令人瞩目的成果。其中压力、加速度、陀螺、磁、麦克风和 IMU 等微传感器，以及打印机喷嘴、微镜、谐振器、开关、滤波器等微执行器已经实现大批量商业化生产，而微光学器件、BioMEMS 和微流体芯片等也显示出巨大的市场潜力。

近年来，受益于汽车电子、消费电子、医疗电子、光通信、工业控制、仪表仪器等市场的高速成长，MEMS 行业发展势头迅猛。据预测，全球 MEMS 市场规模将从 2014 年的 111 亿美元增长到 2020 年的 220 亿美元以上，年复合增长率在 12% 以上，增速超过半导体市场，如图 1.12 所示。智能手机和平板电脑的巨大市场需求带动 MEMS 产业发展进入快车道，预计未来可穿戴和物联网市场将继续驱动 MEMS 发展，尤其是生物医疗、工业与通信领域的应用增速更加可观，生物医疗 MEMS 增长率可达 23.8%。

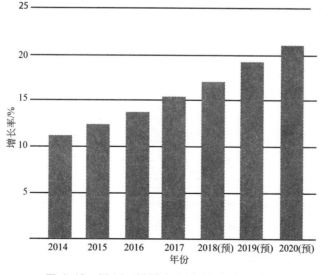

图 1.12 2014~2020 年 MEMS 市场及预测

　　从传感器类型上看，使用最广泛的微传感器包括压力传感器、加速度计、惯性组合、微流控芯片等。压力传感器是最早成功量产的MEMS传感器，目前压力传感器的主要制造商包括 Bosch、Honeywell、Murata、ST、Freescale 等。多数 MEMS 压力传感器采用膜片式压阻结构，但其量程和温度方面的局限性使得电容式和谐振式压力传感器近年来发展迅速。MEMS 压力传感器最主要的应用市场是汽车、医疗和工业领域，其中汽车占 70% 以上的市场份额，医疗和工业各占 10% 左右的市场份额。其他应用领域还包括航空航天、军事和消费电子等。随着轮胎压力监测和多自由度惯性传感器系统的广泛普及，压力传感器仍会保持高速发展态势。加速度传感器于 20 世纪90 年代开始进入批量化生产，主要应用于汽车、消费电子、军事国防等领域。近年来，单封装 3 轴加速度传感器、3 轴陀螺和磁传感器集成的多轴惯性测量系统产品不断推出。目前 MEMS 加速度传感器和陀螺的主要制造商包括 Bosch、ST、Invensense、ADI 等。

　　从应用领域来看，MEMS 传感器的主要市场是消费电子、汽车、生物医学、通信、工业、国防和航天等，如图 1.13 所示。消费电子的应用需求主要来自于智能手机、平板电脑、游戏机等。智能手机通过集成多个 MEMS 传感器及系统，可实现人机交互和智能控制，其中横线的功能仍处于开发过程中。苹果公司具有突破性的 iPhone 4 产品首次使用了微陀螺和 3 轴加速度传感器实现位姿和动作测量，还应用了 RF MEMS 发射模块和硅微麦克风消除噪声。随着汽车领域对燃油经济性、安全性、舒适性要求的不断提高，汽车电子领域强烈依赖于各种微传感系统实现信息的实时获取。目前全球平均每辆汽车包含 10 个 MEMS 传感器，在高档汽车中采用 25～40 个 MEMS 传感器，其应用方向和市场需求包括车辆防抱死系统、车身稳定系统、安全气囊、电动手刹、燃油控制、引擎防抖、安全带检测、胎压监控、定速巡航、停车辅助等。以汽车MEMS 压力传感器为例，常见的有电容式、压阻式、差动变压器式、声表面波式等，主要用于检测气囊贮气压力、传动系统流体压力、注入燃料压力、发动机机油压力、进气管道压力、空气过滤系统流体压力等。汽车电子产业被认为是 MEMS 器件的第一波浪潮的推动者，2014 年全球车用 MEMS 市场达到了 31 亿美元，随着汽车智能化进程的加快，预计到 2020 年将达到 55 亿美元。

图 1.13　MEMS 传感器的典型应用

1.5.2　发展趋势

　　MEMS 产品的发展一般会经历概念期、发展期、成熟期和衰退期。在经过前期技术研发、可靠性测试后，MEMS 产品逐渐进入市场。随着市场的扩大进入高速发展的成熟期。随着市场需求的减少或替代技术的出现，部分产品的市场开始显著下降，进入衰退期。迄今为止量产的 MEMS 产品中，打印机喷墨头从 2012 年开始进入较为明显的衰退期，这是由于激光打印机逐渐替代喷墨打印机的市场主导地位。然而在个别 MEMS 产品进入衰退期的同时，新兴 MEMS 产品不断涌现，如化学和辐射传感器、扫描微镜、微流控芯片、RF MEMS、光学 MEMS 器件、微能量收集器、微型燃料电池等，这必将带动 MEMS 领域持续发展。

　　汽车电子和消费电子曾经推动了 MEMS 两次发展浪潮。在未来几年内，消费电子仍是 MEMS 产品的主要市场，如智能手机和平板电脑等。MEMS 市场的增长将依赖于现有功能的替换和新功能的引入，如包括血压、脉搏、呼吸等人体生理参数的测量；包括温度、颗粒物浓度、化学气体浓度等环境参数的测量，都依赖于 MEMS 传感器和执行器的新技术。此外，汽车电子仍将是 MEMS 最大市场之一。未来面向夜视辅助成像、主动消噪、汽车网络、碰撞预警、无人驾驶等应用的

MEMS 传感器将会大量进入汽车领域。无线通信和传感器网络的发展，使得 MEMS 产品逐步应用于物联网等新兴领域，物联网时代将推动 MEMS 发展的第三次浪潮。MEMS 是当前移动终端创新的方向，通过对 MEMS 产品持续改进，最终满足更小、更低能耗、更高性能的需求，才能更加适用于各种物联网场合，无线传感网络在远程医疗、健康监护、可穿戴电子器件、环境监测、智能电网、工业设备控制与故障诊断等领域的应用发展将会带动相关领域 MEMS 产品的快速发展，如植入式传感器、柔性 MEMS 器件、无线通信模块、微能源器件以及各种工业 MEMS 传感器。

在 MEMS 产品不断发展的背后，市场需求起到了关键的拉动作用，同时微加工技术的不断进步也是推动 MEMS 持续发展的动力，每一次制造技术的进步都直接推动了 MEMS 产品或成本的革命性变化。MEMS 产品的优势在于小型化、高性能、低成本。未来，进一步扩展 MEMS 产品的优势，更大程度上依赖于封装技术，如何将多个传感器的功能融入单一封装是目前的主要任务。但多传感器集成化对于 MEMS 制造工艺依然是不小的挑战，因为集成模块的制作工艺更难，生产良品率也会显著下降，只有充分掌握 MEMS 和 IC 技术，才能保证器件的性能稳定性。近几年，ST、Bosch、Invensense 等各大厂商也将研发的注意力转移到封装集成方面，从而减小体积、降低成本。多个公司都发布了集成 3 轴加速度传感器或 6 轴惯性测量单元以及信号处理单元的微传感系统模块。目前 MEMS 制造主要广泛使用 150mm 晶圆及设备，少量已经进入 200mm 级晶圆，未来发展 300mm 圆片必然成为重要的发展趋势。

随着中国 MEMS 设计、制造、封测等多个环节的技术和工艺正在逐步成熟，同时受益于物联网产业的发展，中国 MEMS 产业初具规模。近年来国家从政策、资金和产业环境等多方面给予 MEMS 产业强有力的扶持。2014 年《国家集成电路产业发展推进纲要》明确提出要大力发展微机电系统（MEMS）等特色专用工艺生产线，增强芯片制造综合能力，以工艺能力提升带动设计水平提升，以生产线建设带动关键设备和材料配套发展。2015 年在《中国制造 2025》重点领域技术图中，六大领域都明确了传感器的重要意义和战略地位，MEMS 产业作为其中具有战略地位的一环，地位凸显。微型化、智能化、多功能化和网络化的 MEMS 传感器将成为市场新热点。MEMS 产品将在消费电子、汽车电子、工业控制、军工、智能家居、智慧城市等领域得到更为广泛的应用。

中国 MEMS 市场规模有望继续保持高速增长。2015 年，中国 MEMS 市场规模达到 308.4 亿元，占据全球市场的 1/3，见图 1.14 和图 1.15。中国是智能终端制造基地，市场庞大，近几年中国 MEMS 市场增速一直高于全球市场的增长水平，预计未来几年仍将保持高速增长。2016 年中国 MEMS 器件市场增速高达 16.30%，而中国集成电路市场增速为 9%；MEMS 器件市场的增速近两倍于集成电路市场。2017 年，国内 MEMS 市场规模达到 420.0 亿元，2014～2017 年复合增长率为 17%。从产品结构来看，压力传感器和加速度计细分产品市场份额占据前两位。中国 MEMS 产业初具规模。

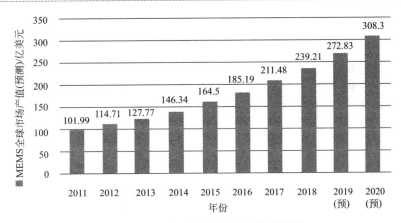

图 1.14 MEMS 全球市场产值及预测

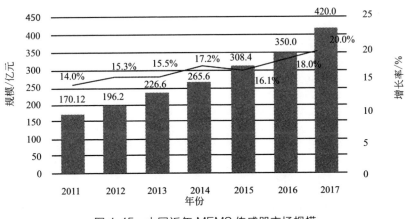

图 1.15 中国近年 MEMS 传感器市场规模

参考文献

［1］ 欧毅. MEMS 与智能化微系统 [M]. 北京：电子工业出版社，2005.

［2］ 徐开先，钱正洪，张彤，刘沁. 传感器实用技术[M]. 北京：国防工业出版社，2016.

［3］ 王喆垚. 微系统设计与制造[M]. 北京：清华大学出版社，2008.

［4］ 马飒飒. 无线传感器网络概论[M]. 北京：人民邮电出版社，2015.

第2章

微系统制造
技术

2.1 微制造概述

　　微制造技术是指尺度为毫米、微米和纳米量级的零件，以及由这些零件构成的部件或系统的设计、加工、组装、集成与应用技术。微制造技术是微传感器、微执行器、微结构和功能微纳系统制造的基本手段和重要基础[1,2]。

　　微制造技术目前有两种不同的工艺方式：一种是基于半导体制造工艺的光刻技术、LIGA 技术、键合技术、封装技术等；另一种是机械微加工技术，是指采用机械加工、特种加工及其他成形技术等传统加工技术形成的微加工技术[1,3~5]（图 2.1）。微机械加工是用于生产微工程设备的结构和移动部件的技术，其主要目标之一是将微电子电路集成到微机械结构中以生产完全集成的系统。这种集成系统可以具有与微电子工业中生产的硅芯片相同的低成本、高可靠性和小尺寸的优点。

图 2.1　微制造工艺加工的元件

　　自 20 世纪 70 年代以来，微制造技术的进步促进了微机电系统（MEMS）的发展，并且逐渐成为一种在现代生活中广泛应用的技术[4]。现代 MEMS 常见于手机的微陀螺仪、投影仪中的数字光处理器、喷墨打印机中的机头、汽车安全气囊中的加速度计、芯片实验室的 DNA 诊断工具、汽车的压力传感器、射频（RF）MEMS、气体传感器、光电子学系统和药物输送等[6~9]。

　　MEMS 和半导体中都包含电子电路，其区别在于 MEMS 制造的额外需求是结合了大尺寸、高纵横比的微结构，这些微结构受到动态运动、机械应力和弹性变形。例如，一些常规 MEMS 结构包括受到双轴应力的压力传感膜、受到弯曲应力的内部传感微尺度悬臂以及受到扭转剪切应力的扫描微镜支撑结构等[8]。与半导体 IC 制造类似，掺杂的单晶硅或多晶硅是 MEMS 微加工中使用的主要结构材料，这是因为它们的材料特性（强度、导电性、高弹性和无应力滞后）、工艺参数（沉积、刻蚀）以及制造过程中的焊接、粘接、封装和坚固性已经能够很好地控制并且能够被可靠地预测[10,11]。此外，从生产的角度来看，硅材料具有良好的工艺再现性、性能可靠性和低单位成本，这也有助于巩固其在 MEMS 微加工领域无可争议的地位。

MEMS 制造主要涉及设计、制造、封装和测试的重复过程。首先，利用通用或专用软件包进行 MEMS 器件的设计和仿真。其次，微机械元件采用兼容的微制造工艺加工。MEMS 通过将硅基微电子技术与微机械加工技术结合在一起，使得在芯片上实现完整系统成为可能。MEMS 封装是一项特定于应用的任务，它占 MEMS 器件成本的最大部分。MEMS 封装应避免将机械应变、热、压力等传递给封装中的所有设备。MEMS 为 IC 封装行业引入了新的接口、工艺和材料。由于 MEMS 的集成电子和机械特性，MEMS 器件的测试比 IC 更加复杂[12]。

由于 MEMS 器件使用批量制造技术制造，这一点类似于 IC，因此可以以相对低的成本在小型硅芯片上提供前所未有的功能、可靠性和复杂性。MEMS 微加工利用了大量半导体 IC 的制造技术，包括：光刻、湿/干刻蚀、薄膜沉积（化学/物理气相沉积、热氧化）、后端工艺（如晶圆切割）、引线键合、气密封装和测试等技术。其中，光刻用于定义掩模，这是微制造的关键因素，它定义了选择性刻蚀工作的模式。微制造工艺薄膜的沉积使得能够在先前图案化层的顶部上沉积不同材料的薄层，使用掩模的选择性刻蚀能够从沉积层中选择性地去除材料。掺杂通过添加"杂质"改变了材料性质（主要是电阻率），掺杂也有助于产生"刻蚀停止"，例如在不必精确地对刻蚀进行定时的情况下，化学刻蚀可以停止在位于所需深度的表面。氧化和外延生长用于生长一些材料，例如二氧化硅和具有特定晶体取向的硅。键合有多种形式，包括晶圆与晶圆键合、不同材料之间的黏合、芯片与封装基板的粘接等用于封装的管芯键合和引线键合使得微芯片与外部宏连接器接口连接[7,13,14]。

有必要说明的是，尽管 MEMS 和 IC 在封装和外观上具有相似性，但实质上 MEMS 在芯片设计和制造工艺方面与 IC 不同。IC 一般是平面器件，通过数百道工艺步骤，在若干个特定平面层上使用图案化模板制造而成，表现出特定的电学或电磁学功能来实现模拟、数字、计算或储存等特定任务。理想状态下，IC 基本元件（晶体管）是一种纯粹的电学器件，几乎所有的 IC 应用和功能方面具有共通性[2,7,15~18]。

主要的 MEMS 制造技术包括表面微机械加工技术、体微机械加工技术和 LIGA 技术等。目前，由于深度反应离子刻蚀技术的出现，表面和体微机械加工之间的界限已经变得模糊。

表面微机械加工是对互补金属氧化物半导体（CMOS）工艺的改进。表面微加工基本上是薄膜加/减的过程，主要通过化学/物理气相沉积或热氧化、光刻图案化和湿法/干法蚀刻进行薄膜沉积，以产生所需的形状。硅晶片上的薄膜沉积通常通过三种途径进行[18,19]：物理气相沉积（例如，各种金属或非金属的蒸发或溅射）、化学气相沉积（例如，二氧化硅、氮化硅、碳化硅）和硅的热氧化。一旦沉积完成，便可以进行光刻操作，在这个过程中首先沉积光致抗蚀剂，然后进行软烘烤并经由光掩模将光致抗蚀剂暴露于 UV 光下图案化。接着将曝光的光致抗蚀剂浸泡在显影剂中以除去未交联的光致抗蚀剂，然后进行硬烘烤，并准备下一步骤的刻蚀。在表面微机械加工中，使用反应离子可以实现各向异性蚀刻，这里各向异性刻蚀可以是湿法的（例如：用于二氧化硅的氢氟酸刻蚀）或干法的（例如：用于硅或金属的氙二氟化物刻蚀）。对于体微机械加工，通常可以使用氢氧化钾（KOH）、乙二胺邻苯二酚（EDP）、氢氧化四甲基铵（TMAH）或深反应离子刻蚀（DRIE）工艺来实现各向异性硅刻蚀，以产生深腔、通孔或模具。最后，如果需要，可以重复进行上述薄膜沉积、光刻和刻蚀步骤。

对于由金属制成的高纵横比微结构，通常使用 LIGA 工艺。LIGA 是德语 "Lithographie, Galvanoformung, Abformung" 的首字母缩写，分别代表光刻、电镀和成形。LIGA 工艺的关键特征是使用厚光刻胶、X 射线或紫外光暴露和电镀技术。以光刻系统中使用的曝光源种类为特征，LIGA 工艺可以分为两种主要类型：X 射线 LIGA 和 UVLIGA[20]。在 X 射线 LIGA 中，来自同步辐射源的 X 射线用于曝光厚光刻胶，如聚甲基丙烯酸甲酯（PMMA，一种 X 射线敏感聚合物）。而对于 UVLIGA，通常使用较厚的光致抗蚀剂，例如 SU-8，在光致抗蚀剂沉积之前沉积诸如镍或铜之类的导电层，然后将光致抗蚀剂暴露于光源，通过光致抗蚀剂显影剂除去光致抗蚀剂。现代 LIGA 工艺可以实现 100 的纵横比（高度/宽度），但是这些高度精确和专业化的工艺中的每一步通常都是由具有专业操作经验的人员在 1/100 级专用 MEMS 洁净室中操作复杂设备完成的[15]。通常，MEMS 器件的图案化需要多个光刻步骤，每个步骤都需要由特别定制的掩模限定，这使得光刻成为最关键同时也是最昂贵的处理过程。此外，对于更大、更高的 MEMS 器件来说，高比率微结构的平面制造的困难度和局限性正变得越来越明显[3,21~24]。

除了上述 LIGA 工艺、湿法刻蚀和深反应离子蚀刻外，实现高精度比三维 MEMS 结构和腔体的最常用方法是通过晶圆键合。通过堆叠和层压多个晶片，可以通过晶片键合产生空腔和贯穿的导管。然而，键合过程主要还是取决于工艺参数，如表面处理和温度分布等，在此过程中也极有可能会导致界面和体积缺陷。

虽然 MEMS 制造工艺已经比较成熟，但是随着工程应用需求的提高，目前对于 MEMS 制造技术存在如下迫切需求：

① 可以在大气环境下和洁净室环境外制造而无需光刻步骤的制造技术；

② 对于快速和低容量原型制作而言，减少加工过程同时降低加工成本；

③ 可以生产更复杂和独立的 3D 结构而无需大量材料和精细的刻蚀工艺；

④ 除了硅和电镀金属之外，对更丰富的材料选择的需求还需要除表面微机械加工、体微机械加工和 LIGA 工艺之外的其他制造技术。

2.2 硅基 MEMS 加工技术

硅基微加工技术源于硅基集成电路（IC）技术，是 MEMS 制造的主流技术，市场上大多数 MEMS 产品都是采用这种技术制造的。硅基微加工技术可分为两类：表面微加工技术和体微加工技术[1,2,25]。

① 体微加工技术：它应用于各种刻蚀程序，可以选择性地去除材料，通常有化学附着物，其刻蚀性质取决于块状材料的晶体结构。

② 表面微加工技术：从材料晶圆开始，但不像体微加工技术那样，晶圆本身被用作去除材料以限定机械结构的原料，表面微机械加工经由基板表面工作，通过沉积并刻蚀交替存在的结构层和牺牲材料层。由于层压结构和牺牲材料层的刻蚀材料通过对晶体结构不敏感的工艺完成，表面微机械加工能够制造形式复杂及多组件集成的电子机械结构，从而使得设计者能够设想和构建通过体微加工工艺无法实现的器件和系统。

MEMS 中的组件通常使用微制造技术集成在单个芯片上。一般微制造技术有三个主要步骤。

　　① 沉积工艺：将薄膜材料放置在基板上。

　　② 平版印刷：在薄膜顶部施加图案化掩模。

　　③ 刻蚀工艺：选择性地刻蚀薄膜以提供掩模轮廓后的浮雕。

　　虽然湿法和干法刻蚀技术都可用于体微加工技术和表面微加工技术，但是体微机械加工通常使用湿法刻蚀技术，而表面微机械加工主要使用干法刻蚀技术。

2.2.1　体微机械加工技术

　　体微机械加工的特点是选择性地刻蚀硅衬底以在 MEMS 器件上产生微结构。在所有微加工技术中，体微机械加工是最古老的技术。为了使用体微机械加工技术制造小型机械部件（图 2.2），通常选择性地刻蚀诸如硅晶片的基板材料。体微加工工艺可分为两大类：湿法体微加工（WBM）和干法体微加工（DBM）[25,26]。

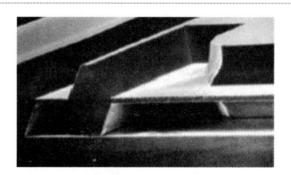

图 2.2　体微机械加工工艺制造的元件

2.2.1.1　湿法体微加工

　　湿法刻蚀是指使用化学试剂刻蚀掉晶片表面的技术。湿法刻蚀是体微机械加工的主要使用技术。通常，使用掩模将一层二氧化硅图案化到硅晶片上，图案化二氧化硅以保护硅衬底的某些区域免于刻蚀。使用的刻蚀剂由所需的刻蚀速率以及所需的各向异性和选择性水平决定。最常见的硅各向同性刻蚀剂是氢氟酸、硝酸和乙酸（HNA）的混合物[3,27]。但是，由于 HNA 也会腐蚀铝，因此与 CMOS 工艺不兼容。此外，使用的其他常用刻蚀剂还包括氢氧化钾（KOH）、乙二胺邻苯二酚（EDP）、$(CH_3)_4NOH$，也称为 TMAH。大多数湿法刻蚀剂是各向同性的，这意味着它们在所有方向上均匀地刻蚀硅。这就导致了微电子工业中一种常见的现象：底切。底切是指由于各向同性刻蚀而在保护层下刻蚀硅的现象。为了防止出现与底切相关的功能性问题，必须设计用于沉积保护层的掩模，以便实现所需的线宽。这是通过从所需线宽减去刻蚀深度的两倍来完成的。

图2.3显示了立方单位硅中的三个主要晶面。

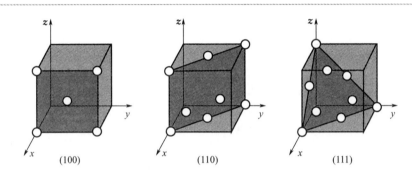

图2.3 三个主要晶面方向（100）和（110），（111）是垂直于平面的相应方向

在硅各向异性刻蚀中，平面（111）比所有其他平面都慢的速率刻蚀。导致平面（111）刻蚀速率慢的原因是，在该方向上暴露于刻蚀剂溶液的高密度硅原子和在平面下方的硅原子拥有三个硅键。图2.4示出了硅衬底的典型湿法刻蚀中各向异性刻蚀的示意图和Si的典型湿法微机械加工的3D图[28]。

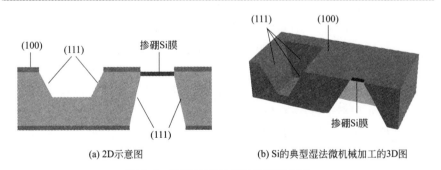

图2.4 硅的典型各向异性刻蚀示意

由于高刻蚀速率和选择性，湿法微加工技术在MEMS工业中很流行。但是其存在一个严重缺点，即在正常刻蚀过程中掩模也会被刻蚀，因此需找到比硅衬底溶解速率慢得多或少量溶解的掩模。在湿蚀刻中，

刻蚀速率和选择性可以通过各种方法改变，例如：①改变刻蚀溶液的化学组成；②改变衬底中的掺杂剂浓度；③调节刻蚀溶液的温度；④改变基板的晶体学平面。

体微加工中的湿法刻蚀可以进一步细分为两部分。

① 各向同性湿法刻蚀，其中刻蚀速率不依赖于基板的结晶取向，并且刻蚀在所有方向上以相同的速率进行，如图 2.5(a) 所示。

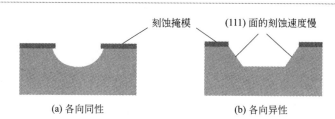

刻蚀掩模　　　　　　(111) 面的刻蚀速度慢

(a) 各向同性　　　　　　　　　　(b) 各向异性

图 2.5　（a）体微加工中各向同性和（b）各向异性湿法刻蚀之间的差异

② 各向异性湿法刻蚀，其中刻蚀速率取决于基板的晶体取向，如图 2.5(b) 所示。

为了控制刻蚀工艺和晶片上的均匀刻蚀深度，通常会使刻蚀停止。在微加工中常用的三种刻蚀停止方法分别是：掺杂剂刻蚀停止、电化学刻蚀停止和介电刻蚀停止。

2.2.1.2　干法体微加工

体微机械加工中的干法刻蚀分为三种：反应离子刻蚀（RIE）、气相刻蚀和溅射刻蚀。

反应离子刻蚀使用物理和化学机制来实现高水平的材料去除分辨率。该过程是工业和研究中最多样化和最广泛使用的过程之一。由于该过程结合了物理和化学相互作用，因此该过程反应速率更快。来自电离的高能碰撞将有助于使刻蚀剂分子解离成更具反应活性的物质。在 RIE 工艺中，阳离子由反应气体产生，反应气体以高能量加速到基板并与硅发生化学反应。Si 的典型反应离子刻蚀气体是 CF_4、SF_6 和 $BCl_2 + Cl_2$[29,30]。

物理和化学反应都会在加工过程中发生。如果离子具有足够高的能量，它们可以将原子从待刻蚀的材料中敲出而不会发生化学反应。开发干法刻蚀工艺以平衡化学和物理刻蚀是非常复杂的任务。通过改变平衡，可以影响刻蚀的各向异性，其中化学部分是各向同性的而物理部分是高度各向异性的，因此该组合可以形成具有从圆形开始不断发展到垂直形状的侧壁。

深度反应离子刻蚀（DRIE）近年来迅速普及。在这个过程中，可以实现数百微米的刻蚀深度和几乎垂直的侧壁。DRIE 的主要技术基于所谓的"Bosch 工艺"，该工艺是以提交原始专利的德国公司 Robert Bosch 命名的。在该工艺中存在两种不同的气体组成在反应器中交替作用，第一气体组合物刻蚀基底，第二气体组合物在基底表面上形成聚合物。聚合物立即被刻蚀的物理部分溅射掉，但这种溅射仅发生在水平表面而不是侧壁上。由于聚合物仅在刻蚀的化学部分中非常缓慢地溶解，因此可以在侧壁上积聚并保护它们免于被刻蚀，此外还起着钝化的作用。在图 2.6(a) 中，SF_6 刻蚀硅，而在图 2.6(b) 中，C_4F_8 起着钝化的作用。再次参照图 2.6(c)，SF_6 又继续进行刻蚀。这样便可以实现 1～50 的刻蚀纵横比。该工艺可以很容易地用于完全刻蚀硅衬底，并且刻蚀速率比湿刻蚀高 3～4 倍。

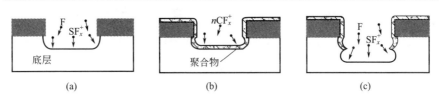

图 2.6　DRIE 中刻蚀和钝化的示意图

2.2.2　表面微机械加工技术

表面微机械加工中使用的材料通常与 CMOS 加工技术中使用的材料相同，但它们在机械部件中起不同的作用。

① 二氧化硅（SiO_2）或 Si 的氧化物是最常用作牺牲层和硬掩模的薄膜。

② 多晶硅结晶是最常用作结构层的薄膜。

③ 氮化硅是作为绝缘材料和作为硬掩模的薄膜（如在压力传感器中）。

④ 自组装单层（SAM）涂层在不同步骤沉积，可以使表面疏水并减少摩擦部件的摩擦和磨损。

表面微机械加工是使用沉积在基板表面上的薄膜层来构造 MEMS 的结构部件的过程。与在基板内构建组件的体微机械加工技术不同，表面微机械加工构建在基板的顶部。该过程从硅晶片开始，在硅晶片上沉积结构层和牺牲层。结构层是形成所需结构的层。牺牲层是被刻蚀掉的层，并且用于支撑结构层直到它们被最后刻蚀掉。通常，通过热和化学气相沉积工艺的组合形成二氧化硅层的牺牲层。磷硅酸盐玻璃（PSG）也经常用作牺牲层，因为它在氢氟酸中具有较高的刻蚀速率。在多晶硅结构层选择性地沉积在牺牲层的顶部之后，使用氢氟酸刻蚀掉二氧化硅，该过程对于形成悬臂梁、桥和密封腔是有用的。通过使用多层多晶硅重复该过程，便可以形成更加复杂的机械结构，例如涡轮机、齿轮系和微电机等。图 2.7 是经由表面微机械加工的 MEMS 器件实例，图中显示的器件是一个挂在蚂蚁腿上的齿轮。

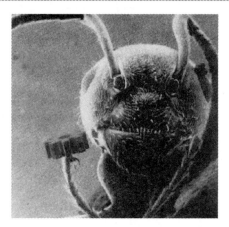

图 2.7　表面微机械加工的微型齿轮[31]

干表面微机械加工技术通常通过产生等离子体以刻蚀晶片，这种技术也被称为离子轰击。该过程需要在真空室中的低压环境中进行，通常，压力需要降至 10^{-6} Torr（1Torr＝133.32Pa）。RF 激发系统用于电离气体，通常是氩气，其以受控量引入真空室。氩是优选的，因为它是惰性气体，其性质比较稳定。在此过程中应尽量减少不需要的化学反应，这方面也明显需要真空室以尽量减少外部颗粒的数量，以免外部颗粒无意中嵌入晶片中。

表面微机械加工的第一步是将二氧化硅薄膜生长到硅晶片的表面。这一步将产生两个氧化硅层，该第一、二氧化硅层将被用作绝缘体和支架，它们在氧化炉中热生长。图 2.8 显示了一个氧化炉腔室的主要组成。值得注意的是，这是一个批处理过程，因此一次可以处理多个晶圆。

在热氧化中使用两种氧化方法：干氧化和湿氧化。

干氧化使用氧气（O_2）形成二氧化硅。

$$Si(固体) + O_2(气体) \longrightarrow SiO_2(固体)$$

湿氧化使用水蒸气形成 SiO_2。

$$Si(固体) + 2H_2O(气体) \longrightarrow SiO_2(固体) + 2H_2(气体)$$

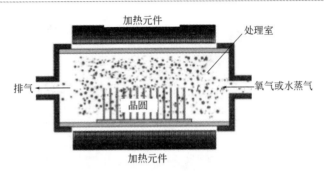

图 2.8　氧化炉的处理室

在干燥和湿润的两个过程中，过程温度影响氧化速率（SiO_2 层生长的速率）。温度越高，氧化速率越大（氧化物生长量/时间）。而且，在任何给定温度下，湿氧化具有比干氧化更快的氧化速率。这种效应可以在铁的氧化和铁锈（氧化铁）的形成中看出，例如在潮湿气候下，铁锈的生长速度会比在干燥气候下快得多。

化学气相沉积（CVD）工艺被用于沉积后续的结构和牺牲层处理中。CVD 是最广泛使用的沉积方法。在 CVD 处理过程中沉积的膜是反应气体之间以及反应气体与基板表面原子之间发生化学反应的结果。

表面微机械加工中所使用的 CVD 工艺包括以下四种。

① 大气压化学气相沉积（APCVD）系统：在反应室中使用大气压或在 1 个大气压进行处理。

② 低压 CVD（LPCVD）系统：使用真空泵将反应室内的压力降低至小于 1 个大气压再进行处理。

③ 等离子体增强 CVD（PECVD）：使用低压腔和等离子体，在低温下提供比 LPCVD 系统更高的沉积速率（见图 2.9）。

④ 高密度等离子体增强型 CVD（HDPECVD）：使用磁场来增加腔室内等离子体的密度，从而产生更高的沉积速率。

使用物理气相沉积（PVD）工艺（例如溅射和蒸发）沉积用作导电层的金属层的过程中，一旦沉积了一层，就需要对其进行图案化。图案化是通过光刻法完成的。光刻法使用光敏材料涂层作为光致抗蚀剂，其在曝光于图案光之后显影。当使用正性光致抗蚀剂时，在显影期间可以除去曝光的抗蚀剂，而未曝光的抗蚀剂则保留在晶片表面上并保护下面的表面免受随后的刻蚀（见图 2.10）。

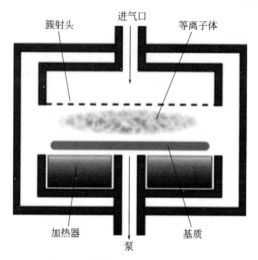

图 2.9　等离子体增强 CVD 系统

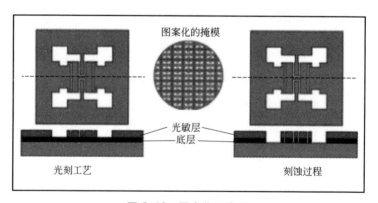

图 2.10　图案化示意图

在显影工艺之后，使用湿法或干法刻蚀工艺刻蚀（去除）下层的暴露区域。一旦抗蚀剂图案已经转移到下面的材料层，就去除剩余的抗蚀剂（即抗蚀剂剥离），留下图案化的材料层。

2.2.3　小结

体微机械加工技术通常应用于制造包括像沟槽和孔一类的微结构。

这些结构通常用于生产压力传感器、硅阀和硅气囊加速度计等。体微机械加工技术广泛用于 MEMS 结构以及 CMOS 的加工制造中。体微机械加工相较于表面微机械加工所具有的巨大优势是可以在大晶片表面区域上快速且均匀地使用体湿法刻蚀技术，这种过程使得在成本和时间方面有严格限制的时候，体微加工的产品质量都能得到满足。不过，体微机械加工的缺点在于它不易与微电子器件集成，该缺陷主要是由于湿法刻蚀的各向同性限制了线宽分辨率。

表面微机械加工可用于形成自由移动的微结构，包括使用体微机械加工技术无法实现的基本旋转结构。表面微加工是高度各向异性的，但由于它依赖于高速、高能离子碰撞，因此晶片表面被辐射损坏的可能性很高，这使得有时可能会局限其使用。同时，这种辐射通常会降低表面微加工工艺的产量，使得该工艺比体微机械加工更昂贵。此外，表面微机械加工技术通常比体微机械加工技术更耗时。湿法刻蚀技术通常的加工速度为 $1\mu m/min$，而干法刻蚀技术的加工速度为每分钟仅几分之一微米。

2.3 聚合物 MEMS 加工技术

20 世纪 90 年代引入的基于聚合物的 MEMS 加工技术在推动 MEMS 应用于新的研究领域方面发挥了重要作用，特别是在生物医学 MEMS 领域[32,33]。微机械加工的聚合物可用作结构、功能元件以及包含其他装置的柔性基底。这种多功能性是由开发高分子材料特有的各种加工技术所提供的。例如，对简单的聚合物结构元件进行铸造或光学图案化处理可以避免对硅材料处理中所需的复杂刻蚀步骤和光刻掩模的需要，从而降低制造微米和纳米结构的成本。

聚合物的性质在驱动新应用和器件性能方面也起着重要作用。例如，低杨氏模量的聚合物膜可以与柔韧的细胞和组织进行微妙、非破坏性的相互作用，在这些生物系统内创造有利的环境；体力学性能通常可在很宽的范围内调节，以此满足不同需求。许多聚合物还表现出体外或体内（例如植入物）应用所需的化学和生物惰性。此外，聚合物表面易于官能化的性质可以将其表面性质改变为所需的规格。

目前在 MEMS 中，SU-8、聚酰亚胺和聚对二甲苯作为自由层基底和杂化硅聚合物器件上的结构元件的使用率正在上升。因为与其他聚合物相比，这三种聚合物可以与更标准的微制造技术兼容（即光刻和湿/干刻蚀），这促使业界大力开发基于这三种聚合物的用于加工和装置构造的新策略。

2.3.1 SU-8

SU-8 是一种环氧型光刻胶，第一次被报道在 MEMS 中使用是在 1997 年被作为 LIGA 工艺中 X 射线光刻的替代品，这个工艺后来被称为 "UV-LIGA" 或 "poor man's LIGA"。后来，SU-8 被 MicroChem Corporation（Westborough，MA）、Gersteltec（Pully，Switzerland）和 DJ DevCorp（Sudbury，MA）商业化，每个供应商都在创建材料的专门配方，例如 MicroChem 的 SU-8 2000 采用环戊酮溶剂配制而成，具有优异的涂层和附着性能。

通常，SU-8 的光刻涉及一组类似于标准厚光刻胶的处理步骤：

① 在基板上沉积（一般以旋涂方式）；

② 软烘烤以蒸发溶剂；

③ 曝光以交联聚合物；

④ 曝光后烘烤以完成交联；

⑤ 显影以显示交联结构。

SU-8 显影剂包括甲基异丁基酮（MIBK）和丙二醇甲醚乙酸酯（PGMEA）。曝光后，未交联的抗蚀剂通常在 PGMEA 中显影，但是首先浸入 γ-丁内酯（GBL）中可以改善高深宽比（HAR）通道的显影。通常，几百微米的厚膜可以用传统的紫外线曝光系统构建，这归因于 SU-8 的低分子量和近紫外光谱中的低吸光度（在 365nm 波长中约为 46%）。这种负性色调的环氧树脂型抗蚀剂具有许多有利的性质，并且因其作为 MEMS 材料的多功能性而被广泛使用。

2.3.1.1 性质概述

SU-8 的芳香结构和高度交联使其具有高的热稳定性、化学稳定性及质子辐射耐受性。目前，由于其可调的电、磁、光及力学性能，SU-8 已被广泛应用。然而，SU-8 的性质根据加工条件不同而有很大差异。

由于其化学稳定且机械坚固的结构，图案化的 SU-8 结构可作为用于软光刻的模具和基于硅酮的 LOC/微流体装置的构造。此外，SU-8 在宽波长范围内具有高折射率和低损耗，这使其成为制造光波导的理想材料。据报道，SU-8 在体内和体外应用中具有良好的化学和生物相容性，但仍未达到 USP VI 级材料的生物相容性等级。

2.3.1.2 微加工策略

（1）光图案工艺

SU-8 的一个加工优势是可以简单地在很大的厚度范围内产生厚的薄膜和结构。SU-8 层可在旋转中达到大于 $500\mu m$ 的单层厚度，多次旋转可实现 1.2mm 厚，深宽比为 18 的薄膜[18,19,31]。

使用 SU-8，还可以在多个层上使用多个曝光步骤，然后在单个显影中释放。在这种方法中，第一个 SU-8 层旋转并曝光。然后，旋转并曝光第二层 SU-8 而不是直接进行显影。重复施加 SU-8 层并曝光，直到处理器件的最终层。在最终步骤中，所有未曝光区域将在单个显影步骤中被显影，这样便大大简化了制造过程［如图 2.11(a)］。然而，当使用这种技术时，每个后续覆盖层的尺寸必须小于或等于相邻下层的尺寸，以防止下层暴露。围绕该限制的一种方法是使用具有较低浓度的光酸引发剂稀释的 SU-8 抗蚀剂用于下层，以产生不太敏感且对 UV 具有较低吸收的抗蚀剂；然后，在覆盖层的曝光期间，该基层将不易受到不希望的曝光。采用类似的方法，也可以通过在下面的层曝光之后使用光酸引发剂，使其扩散到覆盖层中来构造圆形 SU-8 结构。

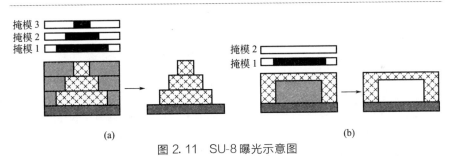

图 2.11　SU-8 曝光示意图

（a）SU-8 的多次曝光步骤示意图，其中一层 SU-8 旋转然后用掩模 1 曝光。然后旋转第二层 SU-8 并用掩模 2 曝光，然后旋转最后一层 SU-8 并用掩模 3 曝光，在显影之后，金字塔结构被释放。（b）使用两个掩模在 SU-8 柱上形成帽的示意图，掩模 1 用于暴露厚的 SU-8 层以形成柱，掩模 2 用于暴露层的顶部表面以形成帽

（2）刻蚀工艺

SU-8 的交联性质赋予其化学稳定性，但这同时又使得固化的 SU-8 难以刻蚀。实际的去除加工需要机械技术（例如裂纹、剥离或破裂）或强化学反应。用于 SU-8 的典型湿刻蚀配方包括热 N-甲基吡咯烷酮（NMP）、（H_2SO_4、H_2SO_4/H_2O_2）和 HNO_3 刻蚀。此外还可利用商用 SU-8 刻蚀剂，包括 NANO TM RemoverPG、ACT-1、QZ3322、MS-

111、Magnastrip、RS-120 和 K10 熔盐浴。臭氧溶液也可以去刻蚀 SU-8，但去除率很慢，而使用臭氧（气）则可以提高去除率。

物理方法如水喷射、热解和准分子激光图案也可用于刻蚀 SU-8。最后一种方法由于再沉积的碎片而导致纳米级粗糙度，这可能产生超疏水表面。SU-8 使用干法刻蚀也是可以的，不过刻蚀速率较慢。

（3）剥离工艺

SU-8 薄膜可以与基板分离以形成自由膜，典型的方法是使用由金属薄膜组成的剥离层，如铝（Al）、钛（Ti）、铜（Cu）、铬（Cr）等。当与底层材料的黏合性差时，SU-8 薄膜也可以通过直接机械剥离释放，这避免了长时间暴露于化学试剂中，但反过来也可能影响 SU-8 结构。

（4）粘接工艺

通过经由定制或商业晶片/管芯键合系统的热压缩（即，施加热和压力）来结合 SU-8 表面，可以实现封盖装置的构造。该工艺可以包围微通道或与标准晶圆和模具级器件黏合一起使用，并且在旋涂之后，在软烘烤步骤期间或甚至在交联之后用 SU-8 膜完成。干式 SU-8 薄膜也可以通过层压施加。在氧等离子体处理的帮助下，SU-8 与其他聚合物如 PDMS 的结合也已实现。

（5）制造挑战

膜的性质高度依赖于加工参数（即软烘烤、曝光剂量和曝光后烘烤），这些参数对于获得无裂缝薄膜和保持结构尺寸精度非常重要。例如，SU-8 膜容易受到"T 形顶部"现象的影响，其中侧壁轮廓由于较短波长的较高吸收而具有 T 形，通常伴随着使用宽带 UV 源进行曝光而加剧。在曝光期间 SU-8 与基板、掩模和晶片卡盘之间的衍射和反射也会导致不希望的曝光，这会损害尺寸精度和分辨率。SU-8 与基材之间的高密度交联和大的热膨胀系数（CTE）差异会使 SU-8 层和基板之间产生大的应力，这可能导致明显的变形（例如收缩或晶圆弯曲）、断裂和器件失效。

2.3.1.3　重要应用

SU-8 制造的简单性使其成为生产廉价的软光刻模具或 MEMS 应用的结构器件的普遍选择。SU-8 已被用于构建 LOC 装置的微流体通道，以及用于光学应用的波导、反射镜和包层。SU-8 也是作为皮质植入物的波导和基质（图 2.12）。SU-8 也被用于形成用于光遗传学应用的倾斜镜的结构。

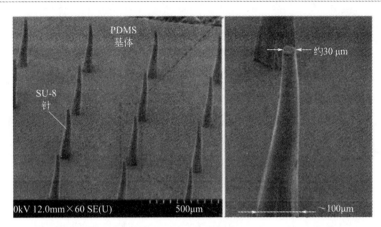

图 2.12 使用背面曝光技术图案化用于光遗传学的可植入 SU-8 波导的 SEM 图像

除了用作结构层之外，人们还研究了 SU-8 作为自由膜器件的基板。在微型飞行器（MAV）的开发中，SU-8 被用于制造翅膀（机翼）。相比之下，与其他聚合物相比，其结构刚度和低水渗透性是其作为可植入压力传感器的外壳材料的主要原因。机械性能和水分阻隔性能还导致灵活的神经探针的开发，其中使用 SU-8 作为结构和基底材料，如用于药物递送的集成微流体通道。SU-8 也被研究作为生产用于药物递送应用的自组装胶囊的材料。

2.3.2　聚酰亚胺（PI）

聚酰亚胺具有悠久的历史，可追溯到 1908 年，是当时合成的第一种芳香族物质。但直到 20 世纪 60 年代才开始商业化，仅由杜邦公司以薄膜形式制造。现在，聚酰亚胺可以做成块状（作为薄膜或带有压敏胶黏剂的胶带），或者在光刻图案化和非光刻图案化中旋涂为薄膜。这种多功能聚合物在结构上可以是线性（脂肪族）或环状（芳族），固化材料可以表现出热固性或热塑性。聚酰亚胺的合成通常从聚酰胺酸前体开始，其在高温（通常 $300 \sim 500\,^\circ\!\text{C}$）下的氮气环境中酰亚胺化以形成最终的聚酰亚胺结构。酰亚胺化过程涉及溶剂去除和芳香结构中的后续闭环。聚酰胺酸前体可溶于极性无机溶剂，包括 N-甲基吡咯烷酮（NMP）、二甲基甲酰胺（DMF）和二甲基亚砜（DMSO）。

从历史上看，聚酰亚胺首先在微电子学中用作绝缘体，其次用作多层互连中的平面化的封装材料，并形成多芯片模块。聚酰亚胺的另一个早期应用是模制光栅图案化的 X 射线掩模。早期，人们主要探索了聚酰亚胺作为传感器阵列的灵活基质和神经假体微电极阵列（识别其潜在的生物相容性和生物稳定性）的应用。

2.3.2.1　性质概述

聚酰亚胺的关键特性包括高玻璃态转变温度、高热稳定性（高达 400℃）、低介电常数、高机械强度、低模量、低吸湿性、化学稳定性和耐溶剂性。这些特性的结合使其在电子产品中被引入作为陶瓷的替代物，并且作为更通用的电镀掩模用于碱性或酸性浴。聚酰亚胺的化学和热稳定性也使它们成为具有吸引力的牺牲层材料。聚酰亚胺可以接受不同程度的化学改性，使其可以适合各种应用。通常用于 MEMS 应用的多种形式的聚酰亚胺可从 HD MicroSystems（Parlin，NJ）和 DuPont（Wilmington，DE）商购获得。对于生物学应用而言，有利的性能如柔韧性、惰性和低细胞毒性都被作为选择聚酰亚胺的原因。

2.3.2.2　微加工方法

（1）光刻图案化工艺

光敏聚酰亚胺利用聚酰胺酸前体，可以使用标准光刻工艺图案化为正胶或负胶，这主要取决于聚合物结构。在旋转和初始软烘烤之后，可以使用 UV 曝光来图案化该光敏层，并且使用溶剂（也取决于配方）使未曝光/曝光区域显影。然后固化最终结构以完成酰亚胺化过程并形成聚酰亚胺聚合物。

由于传统的曝光系统和光刻在用聚酰亚胺制造 3D 结构时可能是耗时且昂贵的，因此无掩模和直接写入技术已经被开发为更快捷的替代方案。在无色聚酰亚胺的灰度光刻中使用无掩模系统，证明了在单次旋转中构建多级 3D 结构的可能性。

（2）刻蚀工艺

与 SU-8 膜类似，固化的聚酰亚胺难以通过湿法刻蚀去除，但可以使用热碱和非常强的酸去除。研究人员同时还研究了 Cr/Au、PECVD 氮化硅、氧化物和碳化硅（SiC）等作为掩模。已经注意到氧化物掩模可以优于 Al 和 SiC，这是由于它们对聚酰亚胺的黏附力更强并且更容易去除。由于具有较低的残余应力，因此氧化物也是优选的。此外，等离子（如 O_2、CF_4、CHF_3 和 SF_6）刻蚀也被用于去除聚酰亚胺牺牲层。

（3）剥离工艺

聚酰亚胺经常用作柔性基底或从晶片释放的独立结构。虽然可以简单地从 Si 晶片上剥离聚酰亚胺，但这种技术并不适用于所有场合，因此已经研究了几种材料作为牺牲层。Si 衬底的释放可以通过在 HF：HNO_3（1∶1）刻蚀中进行底切来实现，或者通过用 HF 底切来从 SiO_x 牺牲层中实现。对于—OH 封端的 SiO_2 表面（例如氧化的 Si 或 Pyrex 晶片），可以通过浸入热 DI 水中然后缓冲 HF（BHF）来释放聚酰亚胺膜。许多金属牺牲层同样被使用，包括 Al（用磷酸-乙酸-硝酸和水的混合物湿法释放，在氯化钠中的阳极溶解和电化学侵蚀），厚电镀 Cu（氯化铁释放 15～50μm 厚的膜），Cr（HCl：H_2O，1∶1 刻蚀）和 Ti（在稀 HF 中除去）。

（4）粘接技术

聚酰亚胺层也可用于各种干式黏合工艺，以连接整个晶片或单个模具。RF 电介质加热方法可以通过在玻璃态转变温度下夹在两个 Si 晶片之间的聚酰亚胺膜（5～24μm 厚）上加热旋转来永久地将两个 Si 晶片连接在一起。

（5）制造挑战

聚酰亚胺在某些材料（例如 Al）黏附性较差，但该挑战已经被解决。并且，酰亚胺化过程中，在图案化的聚酰亚胺结构中可能发生显著的尺寸变化。据相关研究表明，在固化过程中特征的收缩率高达 20%～50%，在器件设计过程中必须考虑到这一点。

2.3.2.3　重要应用

聚酰亚胺的早期主要应用在生物医学方面，特别是建立在柔性基底上的电子神经假体装置以改善体内性能。柔性聚酰亚胺衬底用于制造用于耳蜗假体的微电极阵列（MEA）。聚酰亚胺膜也用作 MEA 中的绝缘体，用于体外和体内应用的电生理学记录。鉴于这些早期的例子，许多人已经在具有平面和 3D 电极的柔性聚酰亚胺基板上构建 MEA。在最近的工作中，微流体通道和纳米多孔细胞也已与聚酰亚胺基神经探针整合用于药物递送。还开发了各种自由薄膜传感器，包括热、触觉和湿度传感器，其中聚酰亚胺位于传感机构的核心（例如，聚酰亚胺作为湿度传感器的吸水器）或作为基质。目前，在开发"智能皮肤"方面，研究人员也在努力为由聚酰亚胺制成的柔软的"皮肤状"基板增加传感功能。

2.3.3　Parylene C

Parylenes 是聚对二甲苯的商业名称，最初被描述为"蛇皮"状聚合物，由 Michael Mojzesz Szwarc 于 1947 年首次合成[1,33]。但直到威廉·戈勒姆（William Gorham）在 Union Carbide 开发出稳定的二聚体前体并优化化学气相沉积（CVD）工艺后，Parylene 才成为商业上可行的材料。Gorham 的工艺以粒状二聚体前体二对二甲苯开始，将其蒸发，然后在高于 550℃ 的温度下热解以将二聚体裂解成其反应性自由基单体。在沉积室内，反应性单体吸附到所有暴露的表面并开始自发聚合以形成共形聚对二甲苯薄膜。该方法不仅能够控制沉积参数（例如热解温度和室压），还可以在室温下进行，从而使其与热敏材料相容。具有不同官能团的 Parylenes 的各种化学变体可用于 MEMS 中。迄今为止，有超过 10 种市售的 Parylenes 变体。研究中最常见的是 Parylene N、Parylene C、Parylene D 和 Parylene HT（也称为 AF-4）。Parylene C 是生物应用中最受欢迎的，因为它是 Parylenes 变体中第一个获得 ISO 10993，USP VI 级评级的（塑料的最高生物相容性评级），它具有优异的水和气体阻隔性能。值得注意的是，Parylene N 和 Parylene HT 也已获得 ISO-10993，USP VI 级评级。Parylene HT 越来越受欢迎主要是因为它具有改进的性能：更低的介电常数、更高的紫外线稳定性、更好的缝隙渗透性、更高的热稳定性和更低的吸湿性。目前，Parylenes 的商业市场由两家公司主导，Specialty Coating Systems（SCS，商品名"Parylene"）和 Kisco Conformal Coating LLC（商品名"diX"）。尽管人们已经为不同的应用生产了许多 Parylene 的化学变体，但主要用于生物 MEMS 的聚合物是 Parylene C（以下称为 Parylene）。

2.3.3.1 性质概述

与 SU-8 和聚酰亚胺非常相似，Parylene 具有理想的阻隔应用性能，因为其具有优异的化学惰性和均匀的保形沉积。Parylene 因其简单的沉积工艺与标准微机械加工和光刻工艺的兼容性作为 MEMS 材料而普及。涂层工艺与各种 MEMS 材料和结构兼容，主要是由于其气相、室温下无针孔聚合。沉积的薄膜具有低至无的内应力特性，尽管在经过加热薄膜的加工（例如等离子体处理）之后应力会增加。此外，Parylene 也是需要光学透明性应用的理想选择，因为它在可见光谱中表现出很小的光学散射和高透射率，这一点很像 SU-8。然而，沉积条件的变化会显著改变 Parylene 的材料特性。一般来说，更快的沉积速率会增加聚对二甲苯的表面粗糙度。

Parylene 特别适用于生物 MEMS，同时也因其化学结构赋予其经过验证的生物相容性和化学惰性而被广泛采用。由于沉积工艺不需要任何添加剂（与环氧树脂不同）并且没有有害副产物，因此 Parylene 已成为可植入装置涂层的标准以及用于生物医学装置的结构 MEMS 材料。许多已发表的研究已经在体外和体内测试了 Parylene 的生物相容性，其生物稳定性、低细胞毒性和抗水解降解作用是其作为生物医学材料使用的有力论据。

2.3.3.2　微加工方法

（1）沉积工艺

如前所述，由于 Parylene 的 CVD 是可调节的方法，是已经研究了标准涂布方法的变体。形成 Parylene 结构的一种常见技术是在模具上沉积。通过将薄膜沉积到结构模具（例如光致抗蚀剂、硅、PDMS）上以形成半球形凸起电极，用于硅芯片构建 3D Parylene 器件和 3D 微电极阵列。

除了模具之外，Parylene 在不同表面上的沉积也被用于制造具有独特性能的薄膜。Parylene on liquid deposition（PoLD）技术，也称为固体液相沉积（SOLID）工艺，涉及在低蒸气压液体（如甘油、硅树脂）上沉积聚对二甲苯以形成独特的结构。该技术已被用于制造复杂的光学器件，包括微液体透镜、液体棱镜和用于显示器的微液滴阵列。或者液体可以作为牺牲层来制造微流体装置，从而不需要模具、聚合物牺牲结构或通道黏合。此外，干扰沉积过程的方法也被用于合成新结构，包括：用作超滤器的多孔 Parylene 薄膜，其在沉积过程中使用蒸发的甘油蒸气来阻碍聚合物生长。

（2）刻蚀工艺

与前面提到的聚合物非常相似，由于其高化学惰性，聚对二甲苯的蚀刻技术主要限于物理和干燥过程。有报道称使用氯萘或苯甲酸苯甲酰酯湿法刻蚀聚对二甲苯，但仅限于极端温度（>150℃）。已发现干刻蚀技术是刻蚀 Parylene 最有效和实用的方法。

（3）剥离工艺

通常，由于对 Si 表面的天然氧化物层的黏附性差，使用手工剥离可以相当容易地释放聚对二甲苯。如前所述，脱模剂如 Micro-90（在沉积前施用）或在剥离期间浸入水中可有助于该过程。然而，如果已将 A-174 施加到基板表面，则难以手动释放装置，并且需要牺牲释放层。通常使用光致抗蚀剂或薄的金属（如 Al、Ti）释放层，其可通过溶剂或通过化学刻蚀除去。

（4）粘接技术

温度和压力的应用促进 Parylene 聚合物用于各种应用，例如形成微通道结构。通过将 Parylene 聚合物构造物暴露于高温（大于 Parylene 的玻璃化转变点 60～90℃）同时施加结合压力，可以实现 Parylene 机械熔合到第二聚合物中以形成键。Parylene C 层的等离子体活化以产生自由基物质可以进一步有助于该过程。

2.3.3.3　重要应用

由于聚合物在生物医学应用中具有出色的生物相容性和最佳材料特性，因此 Parylene 装置（结构纤维和游离纤维）主要与生物 MEMS 相关。作为混合装置，传统的 LOC 结构如 Parylene 微通道或细胞芯片已经使用标准 Parylene 沉积在模具上构建。Parylene 薄膜也被用作这些设备的关键元素，包括用于压力传感器的膜、pH 传感器的传感元件、用于电池芯片的半透性扩散膜、用于波纹管的膜片元件以及药物输送装置。Parylene 混合装置也被设计为新型皮质探针以记录来自神经元的电信号［图 2.13(a)］。这些装置将 Parylene 的生物相容性和柔韧性与刚性硅、金属或 SU-8 区域相结合以增加刚度，使其更容易插入皮质组织。

聚对二甲苯的自由薄膜装置主要构造为具有 Parylene 结构元素的柔韧的 Parylene 基底。Parylene 自由薄膜器件的一个优点是制造工艺与传感器、电子元件（例如线圈、分立电子元件和芯片）的集成兼容，以及灵活的电气连接（例如电缆）成单个封装结构，构成晶圆上器件的所有元件。这种类型的技术在神经修复术中作用很突出，其中基于 Parylene 的神经电极在穿透［图 2.13(b)］和非穿透取向中具有重要应用。

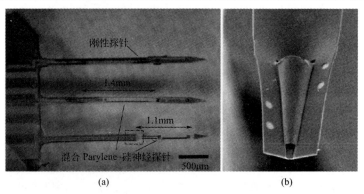

刚性探针

1.4mm

1.1mm

混合 Parylene-硅神经探针　500μm

(a)　　　　　　　　　　(b)

图 2.13　（a）具有局部柔性区域的混合 Parylene-硅神经探针的光学显微照片和（b）热形成的可植入聚对二甲苯鞘电极，具有 Parylene 3D 锥形结构的封装电极

2.4 特种微加工技术

传统的机械加工方法在加工过程中存在着切削力，如果应用于加工微米尺度的零件，会导致零件变形、发热等问题，并且精度也难以控制，无法满足生产加工需求。特种加工采用电能、光能、化学能、声能等去除或增补材料，以实现对工件的加工，其加工方式多为非接触式，在微小尺度零件的加工中有着不可替代的优越性。特种微加工技术包括电火花微加工技术、激光束微加工技术、电化学微加工技术、超声微加工技术等[9,13-15,27,28]。

2.4.1 电火花微加工技术

电火花加工（EDM）是现有的非常规加工工艺之一，电火花加工通过在充当电极的切削工具和导电工件（材料）之间的一系列重复放电过程来去除材料。放电过程发生在电极和工件之间的电压间隙中，利用放电产生的热量蒸发工件材料的微小颗粒。单次放电的过程主要涉及以下几个阶段：介电击穿等离子体和气泡形成，电极熔化和蒸发，等离子体和气泡延伸，等离子体坍塌和材料喷射。电火花加工主要用于加工难加工材料和高强度耐高温合金，并且由电火花加工的工件材料必须是导电的。在电火花加工中选择最佳加工参数是重要的一步，选择不当的参数可能会导致严重的问题，如短路、电线/工具断裂和工作表面损坏。

电火花微加工的基本过程机制基本上类似于常规电火花加工，但其所用刀具的大小、供应电流和电压的电源以及 X、Y 和 Z 轴运动的分辨率明显不同，在工具制造方法、放电能量、间隙控制、介电液冲洗和加工技术方面也存在显著差异。电火花微加工系统的伺服系统具有微米级的最高灵敏度和位置精度，最小放电间隙宽度也能达到微米级。因此，该技术可用于常规精密工程以及微模具、微镶片和一般微结构等微构件的制造。

电火花加工是一种非常有效的金属加工方法。由于放电产生的温度超过任何材料的沸点，加工材料的熔点、沸点、导热效率和热容等热性能仅在很小程度上影响加工过程。电火花微加工技术能够在难以切割的金属和合金上加工不同复杂程度的微观结构，也能够在导电和半导电材料上产生无应力的微尺寸空腔形状。

电火花微加工性能受各种条件和多个学科（如电动力学、热力学和流体动力学）的影响，因此很难完全解释材料去除机理。此外，电火花微加工需在非常短的时间内并且在非常狭窄的空间中发生放电和材料去除，因此难以准确地观察材料去除过程或测量温度分布。直到现在，电火花加工期间的介电流体击穿、材料去除和能量分布的研究仍然存在争议。由于材料去除过程的复杂性，实际影响因素不能用常规电火花加工过程的参数统一缩放，因此，缩小处理参数和电极的整体或局部几何尺寸时存在与电火花微加工性能值的比例外推值的偏差，即存在尺寸效应。

在微电火花加工中，由介质流体分隔的工件（阳极）和工具（阴极）两个电极提供脉冲电压。图 2.14 显示了电火花加工单元的示意图。工件和工具被拉近，直到介质被击穿，并允许电流通过它，过程中看起来像产生了火花。通过改变电压、频率、电流、占空比等电气工艺参数，可以控制火花的能量。在放电能量为微焦耳级别范围内施加脉冲电压，可以连续地去除材料。微电火花加工技术为制造微细结构、微元器件乃至制造 MEMS 器件提供了巨大的可能性。

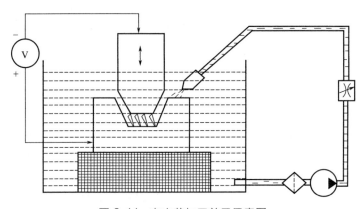

图 2.14　电火花加工单元示意图

电火花微加工过程是一种热过程，通过提供的电能产生热效应以去除材料。因此，控制加工过程的输入电功率很重要。电火花微加工的工艺参数分为电参数和非电参数，通过调整工艺参数，能够达到最佳测量性能。电参数包括电压、频率、脉冲导通时间、脉冲关断时间、放电能量及占空比等。非电参数包括介电流体、冲洗压力、诱导振动频率等。另外，加入一些微米和纳米尺寸的颗粒能够提高加工速度（材料去除率，MRR）和刀具磨损率（TWR）两项性能指标，提高电火花微加工工艺的效率。

在电火花微加工过程中，随着电压的增加，材料去除率提高。这是因为电极的能量放电随着电压的增加而增加，而由于放电能量的增加，在电极之间产生更高的温度，从而产生更高的材料去除率。当电容增加时，放电的能量也增加，也能提高材料去除率。而增加加工过程的火花隙，则会导致材料去除率降低，这是因为当电极之间的距离增加时，放电能量（热）朝向工件的浓度较低，导致材料去除率较低。峰值电流表示放电加工中使用的功率量，是电火花微加工中的重要参数。使用更高的电流能够提高材料去除率，但会对表面光洁度和工具磨损程度产生影响。一般在粗加工操作或加工大表面区域过程中需要使用更高的电流强度。加工过程的脉冲以微秒为单位，一个周期有一个持续和关闭时间，脉冲的持续时间和每秒的循环次数很重要，材料去除量与持续时间产生的能量成正比。在加工过程中所施加的能量控制着峰值电流和持续时间，脉冲持续时间和脉冲关闭时间称为脉冲间隔，如果脉冲持续时间较长，那么更多的工件材料将被熔化掉，然而，如果超过每个电极和工作材料组合的最佳脉冲持续时间，材料去除率将开始降低。脉冲间隔也影响切口的速度和稳定性，理论上，间隔越短，加工操作就越快。同时，脉冲间隔必须大于去电离时间，以防止在一个点上持续产生火花。在理想条件下，每个脉冲过程都能产生火花。然而，实际上如果持续时间和间隔设置不当，许多脉冲会失效，导致加工精度降低，这些脉冲被称为开放脉冲。

电火花微加工技术被运用的更多的是加工微盲孔和通孔、微通道、微沟槽、微缝、三维结构和纹理表面等微观特征。这些特性的加工在工业上具有很大的需求，并且也可以通过用电火花微加工来达到很高的精度。电火花微加工技术在加工喷墨打印机的喷嘴、涡轮叶片的冷却孔、微流体分析中的微通道、微型模具、蜂窝结构等方面有广泛应用。

2.4.2 激光束微加工技术

利用短脉冲和超短脉冲激光进行微机械加工是一种新兴的技术，使许多行业发生了革命性的变化。高强度短或超短激光脉冲是产生广泛材料微特征的强热源，这种技术可以精确地烧蚀各种类型的材料，而很少或不会产生附带的损坏。

激光辐射具有许多独特的性质，如高强度的电磁能流、高单色性和高时空相干性。激光可以以非常窄的光束行进，并且高空间和时间相干的特性使其具有高度定向性，从而可以聚焦在具有非常高辐射的小区域上。作为直接能量源，激光器可以通过改变其结构来沉积、去除材料，改变材料性能。激光作为材料加工的热源的优点在于它能有效地控制深度和能量。激光束具有横向分辨率高、热输入低、灵活性高等特点，适合于微加工技术。

激光束微加工（LBMM）利用超短激光的特性，在产生材料内部的微特征时获得异常程度的控制，而不会对环境造成任何附带损害。在激光束微加工中，激光能量通过多光子非线性光吸收和雪崩电离沉积成小体积。热扩散时间为纳秒到微秒的时间尺度，而大多数材料的电子-声子耦合时间在皮秒到纳秒的范围内。当激光能量沉积的时间尺度比热传输和电子-声子耦合的时间尺度短得多时，不会产生附带损伤。在激光束微加工中，特征尺寸取决于光束质量、波长和用于聚焦的透镜的焦距比值。由于非线性光学制造工艺，激光束微加工用于产生小于衬底内不同深度的衍射极限的特征尺寸。目前，在微光学、微电子、微生物学和微化学等各个领域越来越多地开始使用激光束微加工。它可以用于制造三维亚微米尺寸的结构、微型光子器件、光通信网络中使用的只读存储器芯片和中空信道波导、光数据存储器和生物光学芯片等。

在激光束微加工过程中，从气体或固体激光器获得的短激光脉冲和超短激光脉冲都用于选择性去除材料。当热扩散深度等于或小于光穿透深度时，激光脉冲被称为超短脉冲。激光束微加工使用各种各样的激光器，它们提供从深紫外到中红外的波长。红外激光的波长转换可以使光通过适当的非线性光学晶体，如铌酸锂和硼酸钡。

激光烧蚀是微加工的最有效的物理方法之一。在该方法中，通过强激光辐射实现靶（主要是固体）的烧蚀，从而产生其成分的喷射并形成纳米团簇和纳米结构。如图 2.15 所示，激光烧蚀的材料去除率（烧蚀率）通常超过每脉冲单层的 1/10，从而在微观长度尺度上改变表面形状或组成。在长脉冲宽度下，线性吸收是不透明材料的主要吸收机制，而在超短脉冲宽度下，非线性吸收机制占主导地位。对于透明材料，吸收是通过激光诱导光击穿发生的，在该过程中，透明材料首先转变为吸收等离子体，等离子体吸收激光能量以加热工件。材料的消融发生在某一阈值通量之上。阈值通量的大小不仅取决于吸收机制、材料特性、微观结构、表面形态和存在的缺陷，还取决于激光参数，如波长、脉冲持续时间等。典型的阈值通量，如金属为 $1\sim10\mathrm{J/cm^2}$，无机绝缘体为 $0.5\sim2.0\mathrm{J/cm^2}$，有机材料为 $0.1\sim1\mathrm{J/cm^2}$。在激光束微加工过程中，材料去除伴随着从照射区域喷射的高度定向的羽流。在高激光强度下，激光脉冲的电场可能超过光学击穿的阈值，使烧蚀的材料转变成等离子体。使用超短激光脉冲的激光烧蚀导致极端的非平衡情况。在蒸发期间离开液体的颗粒在称为 Knudsen 层的表面上方的小区域中建立速度的平衡分布。在 Knudsen 层上方，蒸气羽流迅速膨胀，从而压缩环境气体并形成冲击波前沿。

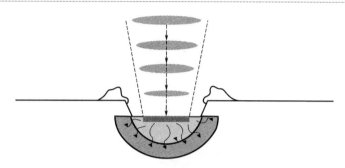

图 2.15 脉冲激光束的激光物质相互作用

典型的激光微机械加工系统（皮秒激光钻孔）如图 2.16 所示。它由一个发射超短脉冲的激光源和一个用于在目标上高速准确地引导光束的可编程的电流计扫描器组成。快速振镜快门用于切换激光束，光束扩展望远镜用于增加光束的直径。光束被引导通过四分之一波片以在目标上获得圆偏振激光束，从而可以在加工区域周围获得相同的吸收特性。然后通过线性偏振器旋转半波片来衰减总脉冲能量。激光束用聚焦透镜聚焦，圆形孔位于聚焦透镜之前，以消除空间分布的激光束的低强度部分。

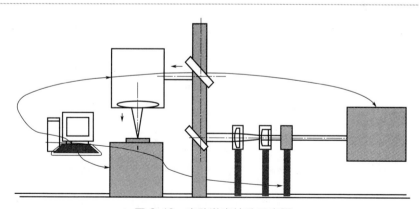

图 2.16 皮秒激光钻孔示意图

激光束微加工可用于精确加工所有金属，并且激光束微加工技术也可以实现硅晶片的离散加工或晶圆上器件的微结构化，可以用于不同光学材料的高质量微加工，如砷化镓（GaAs）、铌酸锂、钽酸锂、磷化铟等，可以对多种材料样品进行选择性微加工。此外，激光束微加工还可用于精确加工含氟聚合物，用于开发微型芯片实验室技术。超短激光脉冲可用于合成 CVD 金刚石的激光处理，用于 IR 光学应用、探测器、传感器、热管理系统和涡轮机（如图 2.17 所示）。

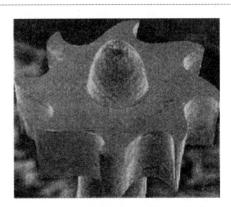

图 2.17　镍血管内转子微型涡轮机

2.4.3　电化学微加工技术

电化学微加工（micro-ECM）是一种非常规的微加工技术，能够在导电和难切削材料上制造高纵横比的微孔、微腔、微通道和凹槽。电化学微加工技术具有良好的加工性能，加工得到的工件具有较高的表面光洁度，没有工具磨损，并且没有热致缺陷。此外，为了加工具有极端性能的新型材料，正在开发新型混合电化学微加工技术。利用混合电化学微加工技术，电化学微加工的功能可以通过将其与其他过程相结合来扩展。为了充分利用其潜力以及改进电化学微加工技术和相关的混合过程，需要广泛的多学科知识。

电化学微加工通过控制工件的阳极溶解实现材料去除。将工件作为阳极，将工具电极作为阴极。在阳极处，金属工件经历氧化从而释放电子。在使用电化学微加工钻孔时，专用工具电极被送向工件，并且在高频短脉冲电源的作用下发生溶解。由于外部冲洗的侧隙非常小，通常采用内部冲洗。在深孔钻削期间，冲洗变得困难，并且可能由于气泡的产生而发生放电现象，这会影响加工精度和表面完整性。为了便于在更高的深度进行冲洗，需要使工具旋转起来，但同时必须使跳动最小化，因

为它会影响加工精度并可能导致频繁的短路。通过提供先进的 CAD/
CAM 技术和多轴加工平台，可以实现电化学微加工铣削微通道、微槽、
微腔。

维持所需的电极间间隙对于加工过程中的电化学微加工工艺稳定性
至关重要。射流电化学微加工技术能够快速生产具有微细尺寸的复杂表
面几何形状。通过将电流集中在电解质射流中来实现从金属中去除材料，
电解质射流以约 20m/s 的速度从喷嘴喷射。将喷嘴用作阴极，工件制成
阳极。该过程的电流密度约为 1000A/cm^2。在较低的电流密度下，加工
表面的表面粗糙度较高，而在较高的电流密度下，表面粗糙度会降低。
为了获得高电流密度，通常采用高工作电压和高电导率电解质。图 2.18
展示了射流电化学微加工装置示意图。射流电化学微加工过程的准确性
受到射流形状的强烈影响，但在实验过程中难以预测，需要大量的建模
工作。可以利用空气辅助通过去除喷嘴周围的电解质膜来提高加工精度，
也可以通过电流和喷嘴直径和位置来控制材料去除。研究发现与脉冲电
化学微加工工艺相比，射流电化学微加工产生更高的材料去除率。使用
射流电化学微加工技术，可以通过限制射流中的电流来进行微机械加工。
射流电化学微加工可通过改变喷嘴位置和选择合适的电流设置来制造微
结构表面和复杂的三维微观几何结构。

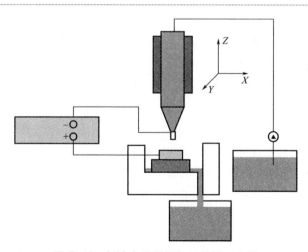

图 2.18　射流电化学微加工装置示意图

基于扫描微电化学流通池的电化学微加工（SMEFC）是一种用于表
面微加工和精加工的局部电化学微加工工艺（图 2.19）。它可以将电解质
限制在小液滴中，从而允许材料去除的局部化。SMEFC 系统由电解质循

环系统、中空工具电极和通过电解质回收罐连接到管的真空插入件组成。电解液循环的机理是电解液通过空心电极泵送，随后周围流动空气沿电极外壁上升，在电极和工件之间形成电化学液滴，与铝发生反应。SMEFC 电化学微加工中，真空间隙是影响电解液滴形状和加工精度的重要参数。真空间隙越大，液滴弯月面越宽，空腔宽度越大。由于其特殊的电解液循环机制，不需要将工件浸入到电解液中，这使得 SMEFC 电化学微加工技术成为一种集成的、灵活的技术。这种技术已经被用于中尺度空腔、沟道的制造和表面的精加工。

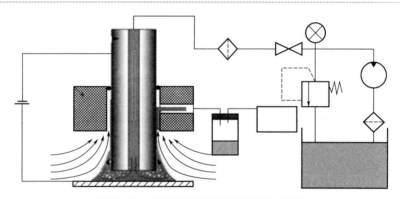

图 2.19　扫描微型电化学流动池示意图

线电化学加工类似于线切割加工，可用于切割厚且硬的工件材料。材料去除的原理是在电解质存在下工件的阳极溶解，这与电火花加工工艺中的电火花腐蚀不同。加工过程中，将电极或线工具朝向工件进给，直到加工间隙适合于引发所需的电化学溶解。由于没有重铸层和热影响区，没有热诱导材料去除，这使得线电化学加工工艺区别于其他工艺，具有很好的前景。此外，它也不会影响加工后高纵横比特征的力学性能。在线电化学加工期间，电线不会发生尺寸变化或磨损，并且可以重复使用。此外，电解液可以方便地供应到加工区，而不需要复杂的电解质供应系统。线电化学加工工艺可用的材料有钨、铜和铂。线电化学加工的精度主要取决于加工间隙，这取决于线材的进给速率、脉冲电压和脉冲接通时间。加工间隙随着进给速率的增加而减小，提高了加工精度。相反，加工间隙随着脉冲电压和脉冲导通时间的增加而增加，从而降低了加工精度。研究发现，采用最佳的工件振动和钢丝移动速度可在线电化学加工过程中达到更好的表面光洁度。

以直流电为工艺能源的传统电化学加工存在腐蚀性和杂散材料去除、

氧化层形成、钝化膜和空化等问题。为了减少这些问题，引入了脉冲电化学加工。在脉冲电化学加工过程中，电流以脉冲的形式提供。电源开关单元是用来产生脉冲的主要元件。控制脉冲接通时间和占空比等参数可以用来控制加工过程。在加工过程中，脉冲参数对加工间隙、加工时间、加工精度和表面粗糙度均有显著影响。

在电化学微加工过程中，刀具形状被复制到工件表面。微加工工艺的复制精度和效率也取决于模具形状。无论是微钻、微铣还是自由曲面加工，刀具都起着重要作用。近年来，为了提高电化学微加工的工艺性能，研究者们提出了许多标准和定制的工具。

对于微细电解加工来说，工具材料应该具有高的导电性和导热性，足够坚硬以承受高压电解质，并且具有良好的耐腐蚀性。可用作电化学微加工工具电极材料通常为铂、黄铜、钛、钨、不锈钢、钼和铜等。刀具材料的选择主要取决于待钻工件的材料去除所需的电化学性能。

良好的电化学微加工工具设计应使电解液流动有恰当的空间，工具的直径根据要加工的特征的尺寸确定。此外，由于需要足够的工具电极强度来承受电解质压力和横向力，需要对最小尺寸有所限制。具有标准尺寸的商用工具电极现已在市场上出售。

2.5 封装与集成技术

微机电系统（MEMS）器件的封装是整个系统制造过程的重要组成部分，它确保了系统的机械稳定性以及所需的机电功能。封装的目的在于提供机械支撑、电气连接，并保护精密集成电路，使其免受机械和环境源（如集成电路产生的湿气阻隔和热量）的所有可能影响。封装不足是微系统失效的主要原因，85%的微传感器是由于封装不当而失效的。

封装是微机电系统（MEMS）的关键技术之一，微机电系统的性能和可靠性受封装工艺的影响很大。其难点在于：

① 硅模具与有机衬底之间的热膨胀系数不匹配。并且由于热应力是残余应力的形式，这种不匹配现象难以避免；

② 由于空气湿度而导致的材料强度损失普遍存在；

③ 材料在热循环和机械振动过程中会产生断裂和磨损。

对微机电系统的封装，应该满足：

① 提供足够坚固的保护以承受其工作环境的影响；

② 允许环境接入和物理域连接（光纤、流体馈线等）；

③ 最小化电气设备内部和外部的干扰影响；

④ 能够消散产生的热量并承受高工作温度；

⑤ 最大限度地减少外部负载的压力；

⑥ 能处理电气连接导线的电源，保证不会造成信号中断。

微系统封装分为三个级别，即设备级别、系统级别和芯片级别。设备级封装又称单芯片封装，为整个芯片提供所有必要的互连、机械支持和保护。如果将多个芯片封装在单个模块中，则称为多芯片封装。设备级封装的主要问题包括接口要求和环境要求。接口要求如精密模具和核心元件与封装产品的其他部分尺寸不同。环境要求主要涉及温度、压力以及工作介质和接触介质的性质等因素。系统级封装也称为基片封装或组装封装，它以同质或异质的方式提供多芯片的堆叠。系统级在同一个室内提供封装，芯片之间具有互连，通常通过金属外壳获得对机械和电磁因素的屏蔽作用。相较于在设备级别的封装，装配公差在这个级别的封装中更加重要。芯片级封装也称为板级封装，可在印刷电路板上封装由铜线制成的高密度互连。最终的封装包括组装各种板以制造系统。

焊接技术　焊接是将封装的半导体集成电路组装到载体上的标准互连技术。焊料焊接过程的物理可逆性使得修理和无损地更换焊接部件较为容易。焊接过程主要使用具有良好的导热性的共晶焊料。光电器件的可靠性取决于它的类型和加工，通常将软钎料用于光学封装，以减少芯片载体和芯片之间的应力。欧盟关于限制某些有害物质在电气和电子设备（RoHS）中使用的规定正在促进无铅工艺在焊接技术中的应用。

基板技术　首先应选择基板材料以支持电气接口，然后选择元件和封装的机械和热界面。为了满足要求，通常使用陶瓷来封装高速光子器件。它们具有以下优点：较低的 CTE 和高温稳定性、优良的导热性、高频低衰减性能。在光电封装中广泛应用的材料是氧化铝（Al_2O_3）和氮化铝（AlN）。硅、碳化硅等材料具有与芯片材料更接近的热膨胀性和更高的导热性，因此可以用作芯片载体。

外壳技术　外壳影响封装的成本、重量和屏蔽性能，为系统提供物理接口，并影响模块的机械和热特性。根据要求，外壳可以使用各种材料，如金属、陶瓷和聚合物等。目前，MEMS 元件的大多数标准外壳都是微电子封装的衍生产品，如晶体管外形（TO）和扁平封装（或碟形）。对于长途和潜水应用，包装是密封的，通常使用金属或陶瓷材料，防止水分渗透导致的部件和连接的化学降解，并确保长期可靠性。如需要降低成本，则使用塑料封装。

2.5.1　引线键合技术

在微系统封装中，引线键合仍然是最常用和最具成本效益的方法。引线键合在微电子和光电子器件之间形成细间距互连。通常，键合线由金和一些用于改善线的加工性能的添加剂制成。引线键合适用于满足 ITRS 要求的所有外围焊盘间距的封装，变形力遍布模具的整个下侧，而不会对活动区构成影响。目前，有两种基本的键合方法：球键合和楔形键合。

热压键合和超声波键合是传统的键合技术。运用热压键合时，模具和线材需要被加热至 250℃，因此，该技术不适用于不能承受高加工温度的设备。超声波引线键合依靠超声波振动（通常频率为 60kHz）将引线压在键合表面上。热超声引线键合兼具二者的优点，方便可靠。过去，由于对光子器件灵敏度的要求，使用热压键合代替超声波键合。而现在，热超声引线键合占据主导地位。带状键合基于楔-楔键合。带状线的矩形截面提供了较低的电感和较低的损耗，并且可以用于高频（高于 30GHz）的应用。采用特殊工具、典型截面为 $12.5\mu m \times 50\mu m$ 的带材可以桥接焊盘间距为 $250\mu m$、环高为 $50\mu m$ 的焊盘。引线键合的新概念和技术改进推动了其实际的物理极限向前发展。铜线的使用降低了微电子器件的封装成本，金线主要用于光电子应用，使用较小的线径（小于 $20\mu m$）（如图 2.20）解决了互连的密度要求。

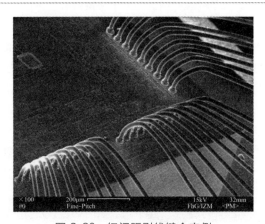

图 2.20　细间距引线键合实例

2.5.2 倒装芯片技术

倒装芯片组装是一种将芯片连接到基板的标准工艺[28,29]，这是 IBM 最初开发的一种组装技术，也称为可控塌陷芯片连接（C4）技术。倒装芯片具有出色的性能，可为具有高输入/输出计数的单元提供经济高效的互连（如图 2.21）。为了实现倒装芯片的安装，需要接触凸点，这些接触凸点有效地实现组件与基板的电连接、机械连接和热连接。由于 Au 具有极好的导电性、导热性，以及良好的延展性，因此适于用作凸点材料。另外，Au 会在Ⅲ-Ⅴ半导体上沉积为最终金属化层，这使得 Au 具有作为凸点材料的良好相容性。

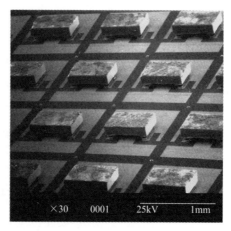

图 2.21　高亮度倒装芯片 LED

倒装芯片工艺包括下凸点金属化过程，以防止焊料成分扩散到器件中，并使其能够很好地黏附到模具上的顶部金属层。焊料凸点可以利用晶片凸点工艺制造，印刷和电镀是两种常用的制造方法。常见的焊料材料有共晶 SnPb、SnSb 和 SnAg 等。印刷技术能够很好地控制焊料成分。相较于电镀而言，印刷通常更便宜，但电镀可以最小化间距。在电镀 Au/Sn 凸点的情况下，典型的凸点直径为 $30\sim100\mu m$，凸点高度为 $30\sim60\mu m$；可获得直径为 $20\mu m$、最小间距为 $50\mu m$ 的凸点（如图 2.22）。

螺栓凸点（如图 2.23）是引线键合过程的一种改进形式。它适用于单芯片与基板之间的键合，其中可使用 Au、Ag、Pt、Pd 和 Cu 等作为材料。对于机械式金螺栓凸点，可以采用 $15\sim33\mu m$ 的线径来达到 $30nm\sim80\mu m$ 的螺栓凸点直径，最小间距可达 $50\mu m$。铜不仅是线材焊接的替代材料，而

且已成为铝金属化中柱头焊接的替代材料，与金相比，铜的优点是降低了
导线的成本。此外，还有导电黏合剂凸点、导电 Ag 填充聚合物凸点和 Cu
柱凸点。

图 2.22　直径为 18μm 的 Au/Sn 凸点的 SEM 照片

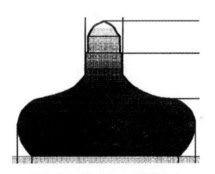

图 2.23　单芯片 Au 螺栓凸点

　　倒装芯片封装技术的优点是其自对准功能，这能够避免在焊接的情
况下由半导体管芯和衬底之间的 CTE 不匹配而引起的应力，但是不能用
于倒装芯片器件的热压接合。

2.5.3　多芯片封装技术

　　多芯片封装技术（MCM）使用传统的厚膜技术实现 MEMS 器件在
单个基板上的集成和封装。使用陶瓷、硅和印刷电路板层压板作为基板
材料，可以将各种管芯类型附着到或嵌入基板表面内。可以通过引线键
合、倒装芯片或直接金属化来连接管芯。通过提供低噪声布线并且在某
些情况下消除不必要的连接，每个管芯的紧密靠近，改善了系统性能。

在多芯片封装技术中，如何有效地连接不同的芯片组件是一个关键问题，目前通常有两种方法：一是将芯片固定在基板上，通过金属丝将芯片连接在基板上；二是在芯片的顶部表面通过连接层，利用金属丝键合或倒装芯片技术实现芯片之间的连接。通常，MEMS 器件在使用之前要经过刻蚀，以形成三维结构或可移动部件，然而，MEMS 器件上的微结构相对脆弱，容易损坏。因此，多芯片封装技术应用的另一个问题是刻蚀工艺是在封装之前还是之后进行。从 MEMS 器件的角度来看，封装后最好能完成这一过程，但是芯片上的微电子结构可能存在刻蚀，这种刻蚀造成损伤的问题需要在实践中加以解决。

2.5.4 3D 封装技术

MEMS 器件通常由三维结构、复杂形状结构和运动部件组成，与传统的二维封装技术相比，需要特殊的封盖和三维封装。为了获得更好的性能、更低的功耗、更小的占地面积以及更低的成本，进一步的技术改进不能仅通过缩小几何尺寸来实现，也要求能够实现更紧密地集成系统级组件。传统的封装和互连技术不能满足提高性能、减小尺寸、降低功率以及降低成本的要求。在互连密度、热管理、带宽和信号完整性方面存在传统技术无法解决的限制。3D 封装技术允许两种或更多种不同的工艺技术堆叠和互连。

参考文献

[1] Tsuchizawa T, Yamada K, Fukuda H, et al. Microphotonics devices based on silicon microfabrication technology [J]. IEEE Journal of Selected Topics in Quantum Electronics, 2005, 11 (1): 232-240.

[2] Ayoub A B, Swillam M A. Ultra-sensitive silicon-photonic on-chip sensor using microfabrication technology [C]// Spie Opto. 2017.

[3] Teh K S. Additive direct-write microfabrication for MEMS: A review[J]. Frontiers of Mechanical Engineering, 2017, 12 (4): 1-20.

[4] Petrov A K, Bessonov V O, Abrashitova K A, et al. Polymer X-ray refractive nano-lenses fabricated by additive technology [J]. Optics express, 2017, 25 (13): 14173-14181.

[5] Cicek P V, Elsayed M, Nabki F, et al.

A novel multi-level IC-compatible surface microfabrication technology for MEMS with independently controlled lateral and vertical submicron transduction gaps[J]. Journal of Micromechanics & Microengineering, 2017, 27 (11): 115002.

[6] Popa M, Ilie C, Lipcinski D, et al. Coupling and Assembly Elements Using Microfabrication Technologies[J]. 2017, 21 (3): 23-25.

[7] Becker H, Gartner C. Polymer microfabrication methods for microfluidic analytical applications. [J]. Electrophoresis, 2015, 21 (1): 12-26.

[8] Shin H, Jeong W, Kwon Y, et al. Femtosecond laser micromachining of zirconia green bodies[J]. International Journal of Additive and Subtractive Materials Manufacturing, 2017, 1 (1): 104-117.

[9] Gherman L, Gleadall A, Bakker O, et al. Manufacturing Technology: Micro-machining[M]//Micro-Manufacturing Technologies and Their Applications. Springer, Cham, 2017: 97-127.

[10] Kostyuk G K, Zakoldaev R A, Sergeev M M, et al. Laser-induced glass surface structuring by LIBBH technology[J]. Optical and Quantum Electronics, 2016, 48 (4): 249.

[11] Cheng H L, Li J Z, Xu S H, et al. Prediction of Tool Wear in Pre-Sintered Ceramic Body Micro-Milling[C]//Materials Science Forum. Trans Tech Publications, 2017, 893: 89-94.

[12] Behera R R, Babu P M, Gajrani K K, et al. Fabrication of micro-features on 304 stainless steel (SS-304) using Nd: YAG laser beam micro-machining [J]. International Journal of Additive and Subtractive Materials Manufacturing, 2017, 1 (3-4): 338-359.

[13] Kim B J, Meng E. Review of polymer MEMS micromachining [J]. Journal of Micromechanics and Microengineering, 2015, 26 (1): 013001.

[14] Classen J, Reinmuth J, Kälberer A, et al. Advanced surface micromachining process—A first step towards 3D MEMS [C]//IEEE International Conference on Micro Electro Mechanical Systems. 2017.

[15] Keshavarzi M, Hasani J Y. Design and optimization of fully differential capacitive MEMS accelerometer based on surface micromachining [J]. Microsystem Technologies, 2018, 22 (1): 3-7.

[16] Li X H, Wang S M, Xue B B. Technology of Electrochemical Micromachining Based on Surface Modification by Fiber Laser on Stainless Steel[J]. Materials Science Forum, 2017, 909: 67-72.

[17] Elsayed M Y, Cicek P V, Nabki F, et al. Surface Micromachined Combined Magnetometer/Accelerometer for Above-IC Integration[J]. Journal of Microelectromechanical Systems, 2015, 24 (4): 1029-1037.

[18] Qu H. CMOS MEMS fabrication technologies and devices [J]. Micromachines, 2016, 7 (1): 14.

[19] Ruhhammer J, Zens M, Goldschmidtboeing F, et al. Highly elastic conductive polymeric MEMS[J]. Science and technology of advanced materials, 2015, 16 (1): 015003.

[20] Ge C, Cretu E. MEMS transducers low-cost fabrication using SU-8 in a sacrificial layer-free process[J]. Journal of Micromechanics and Microengineering, 2017, 27 (4): 045002.

[21]　Rahim K, Mian A. A review on laser processing in electronic and MEMS packaging [J] . Journal of Electronic Packaging, 2017, 139 (3) : 030801.

[22]　Giacomozzi F, Mulloni V, Colpo S, et al. RF-MEMS packaging by using quartz caps and epoxy polymers [J]. Microsystem Technologies, 2015, 21 (9) : 1941-1948.

[23]　Teh K S. Additive direct-write microfabrication for MEMS: A review[J]. Frontiers of Mechanical Engineering, 2017, 12 (4) : 490-509.

[24]　Sarkar B R, Doloi B, Bhattacharyya B. Electrochemical discharge micro-machining of engineering materials [M]//Nontraditional Micromachining Processes. Springer, Cham, 2017: 367-392.

[25]　Chavoshi S Z, Luo X. Hybrid micromachining processes: A review [J]. Precision Engineering, 2015, 41: 1-23.

[26]　Mishra S, Yadava V. Laser beam micromachining (LBMM) -a review [J]. Optics and lasers in engineering, 2015, 73: 89-122.

[27]　Schaeffer R. Fundamentals of laser micromachining[M]. CRC press, 2016.

[28]　Saxena K K, Qian J, Reynaerts D. A review on process capabilities of electrochemical micromachining and its hybrid variants[J]. International journal of machine tools and manufacture, 2018, 127: 28-56.

[29]　Beyne E. The 3-D interconnect technology landscape [J] . IEEE Design & Test, 2016, 33 (3) : 8-20.

[30]　Seal S, Glover M D, Wallace A K, et al. Flip-chip bonded silicon carbide MOSFETs as a low parasitic alternative to wire-bonding[C]//2016 IEEE 4th Workshop on Wide Bandgap Power Devices and Applications (WiPDA) . IEEE, 2016: 194-199.

[31]　Mouawad B, Li J, Castellazzi A, et al. Low parasitic inductance multi-chip SiC devices packaging technology[C]//2016 18th European Conference on Power Electronics and Applications (EPE ' 16 ECCE Europe) . IEEE, 2016: 1-7.

[32]　Lau J H. Recent advances and new trends in flip chip technology[J]. Journal of Electronic Packaging, 2016, 138 (3) : 030802.

[33]　Fan C, Li X, Shao X, et al. Study on reflow process of SWIR FPA during flip-chip bonding technology [C]//Infrared Technology and Applications XLII. International Society for Optics and Photonics, 2016, 9819: 98191A.

第3章

硅基微传感技术与应用

3.1 硅基压阻式传感器

硅基压阻式传感器是利用单晶硅的压阻效应制成的。该类型传感器依据其灵敏度高、测量数据精准的特点从而在各领域广泛应用，有着很好的发展前景。压阻式传感器常用于压力、拉力、压力差和可以转变为力变化的其他物理量（如液位、加速度、重量、应变、流量和真空度等）的测量和控制[1]。硅基压阻式传感器可以继续加工、改进出更加精确的半导体压阻式传感器，也可以通过寻找更加适合作为电阻的半导晶体材料来提高传感器的灵敏度与精确度[2]。

3.1.1 硅基压阻式传感器原理

半导体器件在外力的作用下其电阻值发生变化的现象被称为压阻效应。当压阻材料被施加外力时，其形状和电阻率都会发生变化，通过测量其电阻阻值的变化即可实现对外力的测量。半导体压阻特性的研究和应用开始于 1954 年 Smith 发现硅和锗的压阻效应。目前，压阻效应是MEMS 传感器中应用最多的敏感方式之一。常用的半导体压阻材料是硅或多晶硅，通过扩散或者注入的方式在特定的区域掺杂出需要的电阻率和电阻值。压阻元件多为栅栏形结构，通过绝缘层或者反偏 PN 结与衬底进行绝缘。

硅基压阻传感器的优点是：

① 制造简单，敏感压阻可直接集成制造在换能元件上，不需要键合；

② 硅具有比较大的压阻系数，容易获得较大的灵敏度；

③ 硅基压阻传感器容易实现与电路的集成，并且后续测量电路比较简单；

④ 硅基压阻传感器尺寸很小，容易测量应力等与位置有关的参量。

3.1.2 典型的硅基压阻式传感器

(1) 硅基压阻式压力传感器

传统的采用四个端子电极的导体结构通常称为范德波（Vander Pauw，VDP）传感器，如图 3.1(a) 是基于 Vander Pauw 开发的应用于薄层电阻测量技术的压阻应力传感结构。与常规应力或压力传感器相比，

VDP 传感器具有较高的应力灵敏度。VDP 传感器通常由硅基压阻材料制成，其电阻可以根据电流（I_{AB}）和电压（V_{CD}）来测量，即在端子电极 A 和 B 处提供电流，并在端子电极 C 和 D 处测量电压，电阻 R 或电阻变化 ΔR 由 V_{CD}/I_{AB} 计算。归一化电阻变化需要从相邻侧面两个提供电流的单独电阻处测量。Jaeger 提出了四线桥模式操作的数值和实验结果，如图 3.1(b) 所示，这里消除了上述传统方形 VDP 传感器所需的两个单独的电阻测量。等效的四线桥接测量方法需要跨越一条对角线将电压施加到器件，同时从另一条对角线测量输出电压，从而产生与面内剪切应力或正常值成正比的单个四线测量应力差。值得一提的是，与两个独立的相邻电流负载测量相比，单对角线电流负载测量更方便，更省时。因此，对角电压负载特别适用于 IC 实现。

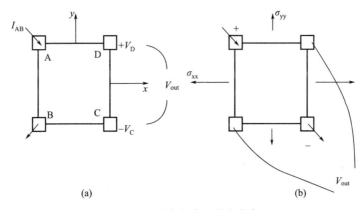

图 3.1 四端传感器测量方案

图 3.2 为 MEMS 工艺制备的高温压力传感器。该设计实现了耐高温封装结构和传感器的初级包装。最后，对高温压力传感器基本性能进行测量，并比较其与正常的 MEMS 压力传感器电阻温度特性及漏电流的温度特性。实验结果表明，耐高温压力传感器能在 350℃ 高温环境下工作。经测试，研制的高温压力传感器基本性能优异，一致性好，是一种可在 3.5MPa 和 350℃ 高温环境下应用的压力传感器。在恒流源 5V 供电的情况下，满量程输出约 93mV；非线性约 0.13％ FSO；压力迟滞约 0.05％ FSO；非重复性约 0.05％FSO。

压力传感器在环境监测中起着重要作用，并且随着物联网的发展，压力传感器的应用领域得到了扩展。针对现实中压力传感器灵敏度较低的不足，研究人员设计了一种增强横梁膜结构的增强型压阻式压力传感器，如图3.3所示[3]，传感器通过与CMOS工艺兼容的工艺制造。测量结果表明，该结构的灵敏度明显提高，与平膜结构相比，改进约3.8倍。

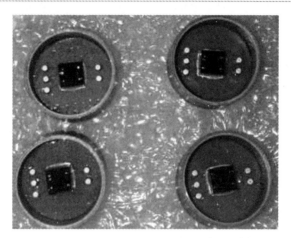

图3.2 MEMS工艺制备的高温压力传感器实物图

图3.3 增强型压阻式压力传感器

（2）压阻式加速度计

随着硅微加工技术的发展，硅压力传感器和加速度计已被广泛应用于工业和商业领域。随着汽车、航空航天和便携式电子设备等市场的拓展，可大规模制造的高可靠性、低成本单片集成硅复合传感器的研究开发成为近年来研究的热点。

图3.4为高性能硅压阻式加速度计[4]。这个加速度计由两个玻璃盖和一个Si感测装置组成结构体，感应结构尺寸为3.3mm×2.05mm×0.15mm。它由"质量块""框架"和4个"感应梁"组成。加速度计的

灵敏度为 $9.6 \times 10^{-8} \mathrm{s}^2/\mathrm{m}$，品质因子为 18。

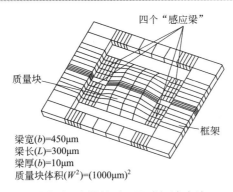

梁宽(b)=450μm
梁长(L)=300μm
梁厚(b)=10μm
质量块体积(W^2)=(1000μm)^2

图 3.4 高性能硅压阻式加速度计

图 3.5 是一种新型的单片复合 MEMS 传感器[5]。这种复合传感器在一个芯片上集成了压阻式压力传感器和压阻式加速度计。加速度计采用双悬臂质量结构，双悬臂可以减小不敏感方向的横向敏感性，质量结构可以增加敏感方向的灵敏度；压力传感器具有矩形膜片结构。

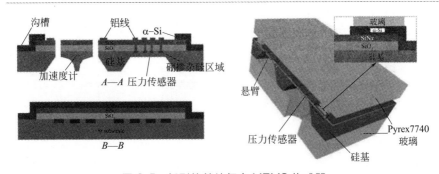

图 3.5 新型的单片复合 MEMS 传感器

图 3.5 显示了由加速度计和压力传感器组成的阳极接合工艺之前的单片复合传感器结构。加速度计具有双悬臂结构，压力传感器具有矩形传感膜结构。在单面湿式各向异性刻蚀之后，加速度计的矩形膜片和压力传感器的矩形膜同时成型。随后，使用深反应离子刻蚀（DRIE）来释放加速度计的隔膜并形成悬浮的双悬臂结构。加速度计膜片的厚度设计为与压力传感器膜片相同的 $15\mu m$，湿法刻蚀后加速度计的质量设计最大，以提高加速度计的灵敏度。衬底上的硼掺杂硅区域作为加速度计和压力传感器的压敏电阻工作。沉积 SiO_2 层和 LPCVD 低应力 SiN_x 层，

并在衬底上形成钝化层。在焊接区域附近，钝化层被刻蚀为露出硅的沟槽。沉积 1μm 厚的 LPCVD α-Si 层，然后图案化，以将沟槽中暴露的硅连接硅衬底，这有助于在 α-Si 玻璃阳极氧化时保护压敏电阻免受 PN 结断裂的影响。为了确保接合强度和气密性，在 SiO_2/SiN_x 钝化层下方埋置了大量掺杂硼的硅区，从而将 Al 线与 Al 焊盘电连接。玻璃-硅玻璃夹层结构在顶部形成 α-Si 玻璃阳极接合，底部形成了 Si 玻璃阳极结合。

加速度计双悬臂结构的尺寸参数如图 3.6 所示[6]。两个折叠的硼掺杂硅压阻电阻器（R_1'，R_2'）分别平行地沿着<110>方向布置在两个悬臂的中心上，另外两个（R_3'，R_4'）平行布置沿另一个方向在基板上。四个压敏电阻器形成了带参考电阻 R_3' 和 R_4' 的惠斯通半桥。压阻电阻的尺寸参数设计为 100μm（长）×10μm（宽）×3μm（掺硼深度）。加速度计的隔膜和悬臂的厚度设计为 15μm，与压力传感器的隔膜相同。两个悬臂设计为 80μm×60μm，距离为 60μm。隔膜的尺寸参数为 785μm×260μm，刻蚀质量块与基板边缘之间的距离为 770μm。

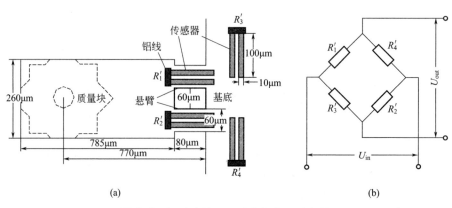

图 3.6　加速度计双悬臂结构的尺寸参数

为了提高灵敏度，加速度计的质量应该被刻蚀最大[7]。这里采用单掩模各向异性湿法刻蚀工艺，并且使用凸角补偿刻蚀技术来设计最大质量。由于硅衬底的厚度为 380μm，加速度计的隔膜的厚度为 15μm，湿法刻蚀深度为 365μm。质量刻蚀掩模设计如图 3.7 所示。掩模框的尺寸参数为 1550μm（长）×960μm（宽），以确保 365μm 深后的隔膜面积为 865μm（长）×260μm（宽）湿法刻蚀工艺。大的 440μm 边长的方形的中心距离边缘为 1080μm，八个小的 200μm 边长的方形围绕大方块的四个角落进行湿法刻蚀补片。

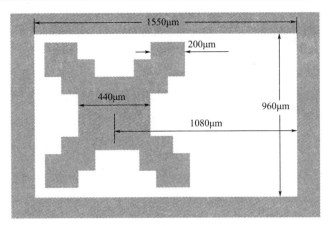

图 3.7　质量刻蚀掩模设计[7]

(3) 具有压阻金属层的流量计

传统的流量计是通过检测温度差来测量流量。然而，这种流量计需要测量流体中心的热量，这可能会对周围环境产生影响。相比之下，牵引力型的流量计通过测量材料的弯曲速度来检测空气流量，这种方法中不需要加热部件。由于它对周围环境影响不大，因此这种流量计适用于小面积检测。但是，在进行小面积检测的情况下，包括压阻材料的测量部件和传感器体也应该减小。然而，在传统的光刻工艺中，难以获得亚微米尺寸的图案。为了解决这个问题，研究者使用聚焦离子束（FIB）系统加工亚微米尺寸的压阻材料，进而制造了一个具有亚微米级压阻层的流量计。如图 3.8所示[8]，该流量计选择铂层作为压阻材料，并用 FIB 系统获得亚微米尺寸的宽度。传感器体由氮化硅层构成，并采用传统的 MEMS 工艺制成。

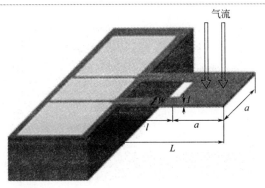

图 3.8　使用 FIB 系统的具有压阻层的流量计

3.2 硅基电容式传感器

电容器是电子科技领域的三大类无源元件（电阻、电感、电容）之一。利用电容的原理，将非电量转换成电容量，进而实现非电量到电信号转化的器件或装置，称之为电容式传感器。它实质上是一个具有可变参数的电容器。与传统电容式传感器相比，硅基电容式传感器具有成本低、体积小、重量轻等优点。

3.2.1 电容式传感器原理

电容式传感器的基本原理是测量物理（位移）或化学量（组分）对电容大小或电场产生的影响。根据平行板电容的公式 $C = \varepsilon S/d$，式中 ε 为极间介质的介电常数；S 为两极板互相覆盖的有效面积；d 为两电极之间的距离。d、S、ε 三个参数中任一个的变化都将引起电容量变化，因此电容式传感器按照引起电容量变化的原因不同从而分为极距变化型、面积变化型和介质变化型三类[1,9]。其中，极距变化型一般用来测量微小的线位移或由于力、振动等引起的极距变化；面积变化型一般用于测量角位移或较大的线位移；介质变化型常用于物位测量和各种介质的温度、密度、湿度的测定。

电容传感器具有灵敏度高、直流特性稳定、漂移小、功耗低和温度系数小等优点。其主要缺点则是电容较小、输入阻抗很大、寄生电容复杂、对环境电磁干扰较为敏感和检测处理电路困难。

3.2.2 典型的硅基电容式传感器

（1）扭摆式结构的 MEMS 电容式强磁场传感器

近年来，出现了多种 MEMS 磁传感器，例如：Salvatore Baglio 等人提出的由于外加磁场和已知电流相互作用，使得悬臂梁因受到洛伦兹力而变形，再通过硅应力计来测量该形变的 MEMS 磁场传感器；Sunier R 提出的一种利用频率的改变作为信号输出实现磁场的测量谐振式磁场传感器；Thieny C 和 Leichl C 等人提出的利用永磁体和外磁场相互作用，使梳齿产生扭矩从而测得磁场方向的梳齿状磁场传感器；陈洁等人提出的 U 形梁结构的磁场传感器。然而，大部分已提出的磁场传感器，都不适合强磁场的测量。

有研究者提出了一种扭摆式结构的 MEMS 电容式强磁场传感器[10]（原理如图 3.9 所示），它采用洛伦兹力驱动，通过测量硅板扭摆导致的电容变化来检测外部磁场强度，其可测量磁场的量程设计在 0.2～2T。这种扭摆式结构的 MEMS 电容式强磁场传感器结构简单、体积小、成本低，制造采用 MEMS 加工工艺，易于大批量生产，可用于特定场合的磁场测量。

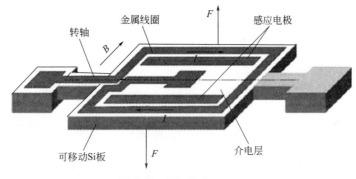

图 3.9　磁场传感器原理

(2) 基于柔性电极结构的薄膜电容微压力传感器

图 3.10 为基于柔性电极的薄膜电容微压力传感器的结构原理图。图 3.10(a) 是基于柔性纳米薄膜的电容式微压力传感器，其采用平行板电容器结构，由两个电极板和中间一层柔性纳米薄膜组成；图 3.10(b) 是具有微结构的柔性电极薄膜微压力传感器的原理图，该传感器与平行板电容器结构相比，在极板与中间介质层之间加入了一层微结构。

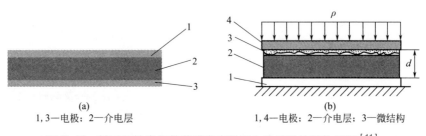

(a)　　　　　　　　　　　　　　　(b)
1,3—电极；2—介电层　　　　　1,4—电极；2—介电层；3—微结构

图 3.10　基于柔性电极的薄膜电容微压力传感器的结构原理[11]

基于柔性电极结构的薄膜电容微压力传感器工艺流程简单，压力灵敏度更高。此外，与采用传统工艺沉积电极的方法相比，直接采用柔性

导电胶作为电极的方法更简单、易实现，并具有成本低和工艺成功率高等优点。

（3）大范围的多轴电容力/扭矩传感器

该传感器由一个在 SOI 圆片的处理层上组装固定的悬空芯片组成，由 V 形硅弹簧支撑（图 3.11）[12]，该传感器可用于生物力学和机器人等方面。

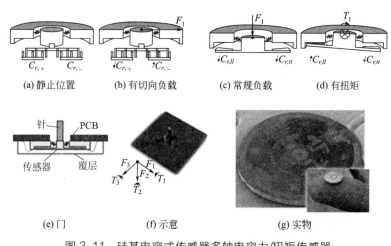

图 3.11　硅基电容式传感器多轴电容力/扭矩传感器

（4）电容湿度传感器

电容湿度传感器是利用了电极电容的顶部金属层和水在聚酰亚胺层中的吸附作用来进行湿度传感。研究表明，在 CMOS 结构的约束下，聚酰亚胺单独作用可使传感器灵敏度不大于原灵敏度的 1/3。值得注意的是，在商业制造之前，需要对传感器制造改进设计。这些传感器有着不同的功用，尽管它们有相似的设计，但是微小的变化导致的制造工艺的影响会直接改变传感器的线性度。

如图 3.12 所示为一种新型叉指电极和聚酰亚胺湿度传感器[13]，在标准的 CMOS 工艺下，可将其制造成一个定制的集成电路。传感器与读出电路相结合，提高了性能，同时避免外部互连。通过这种方式，传感器允许在设备运行的同时，实时监测包内的水分。

这种 CMOS 传感器的结构如图 3.13(a) 所示：将金属电极沉积在场氧化层上，用不溶性的硅氧氮化物钝化，再涂上聚酰亚胺。而图 3.13(b) 展示了具有两个钝化层和聚酰亚胺的平行板电容器。

图 3.12　新型叉指电极和聚酰亚胺湿度传感器

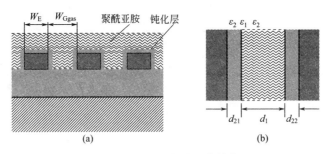

图 3.13　CMOS 传感器的结构图

在电极几何设计或其他化学方面进行了深度优化的电容式湿度传感器的性能将得到有效提高。一般来说，有两种电容式湿度传感器：一种是基于叉指结构；另一种是基于平行板结构。

叉指结构由于其制作工艺简单而被广泛应用。在化学传感器中，叉指结构的使用通常是由于这些结构可以在一侧是开放的环境条件下应用。然而，一个叉指电容结构的灵敏度通常很小。虽然更精细的几何形状的电极意味着更高的灵敏度，但是有限的光刻工艺限制了研究者对于几何形状的优化。

湿度传感器的常规结构和改进结构如图 3.14 所示[14]。在改进后结构中采用耦合电极以提高电容敏感和灵敏度。耦合电极采用银纳米线网格，使网格结构允许水分子渗透。虽然纳米导电颗粒已被用于交叉电阻结构来提高气体传感器的效果，但是这在叉指电容结构中应用是不现实的。在一个叉指式电阻结构中，纳米导电颗粒作为分散电极会增加敏感材料的电损失，因此可以用纳米线代替纳米颗粒形成连续耦合电极。

不同于传统的叉指结构，较薄的敏感层会优先增加耦合电容和传感器的灵敏度。一个 $0.1 \sim 0.2\mu m$ 厚的敏感层可以比传统的叉指结构少

10～20 次漏电流的限制。传感器的湿度响应曲线如图 3.15 所示。该传感器具有良好的灵敏度和线性度，其改进后的结构的响应时间为 10s，相应的恢复时间为 17s。相较于改进前的响应时间与恢复时间有了显著提高。

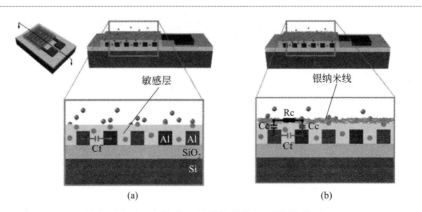

图 3.14　湿度传感器的常规结构和改进结构图

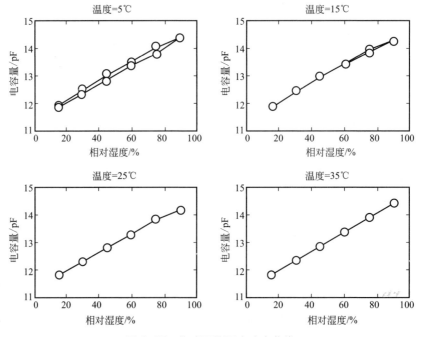

图 3.15　传感器的湿度响应曲线

3.3 硅基压电式传感器

近年来 MEMS 压电传感器在生物、医疗、环境、电子、物理等领域都有广泛的应用。其中的压电材料主要是一些 PZT、PVDF 薄膜，当然还出现了一种新型材料——纳米纤维。今后 MEMS 压电传感器将向微型化、智能化、商业化发展，同时也可能有新型制作工艺产生，应用领域将更加广泛。

3.3.1 压电式传感器原理

压电效应是材料中机械能和电能相互转换的一种现象。在电场作用下，电介质中带有不同电性的电荷间会产生相对位移，使电介质内产生电偶极子，在材料内产生双极现象，称之为极化。在某些介电物质中，除了可以由电场产生极化以外，还可以由机械作用产生极化现象。当这些介电物质沿着一定方向受到外力作用时，内部将产生极化现象，即在介电物质的两端表面上出现电性相反的等量束缚电荷，这里电荷的面密度正比于外力；当外力撤销后，材料恢复到不带电的状态。这种由外力产生极化电荷的效应称为正压电效应，这是压电传感器的基本原理。在电压作用下，材料产生机械变形的现象称为逆压电效应，逆压电效应是压电驱动的基本原理。

具有压电效应的物质称为压电材料，包括压电晶体、压电半导体、压电陶瓷聚合物和复合压电材料四类。

3.3.2 MEMS 压电触觉传感器

(1) 全薄膜压电微力触觉传感器

在生物医学领域，通常也需要检测一些压力和力信号，如微创手术（MIS）和触诊检测癌症囊肿，因此需要一些高度敏感的力和触觉传感器。其中触觉传感器要求能够测量正应力和水平切应力。目前已经研究出一些压阻式、电容式、压电式传感器和光学方法用于触觉感测。同时，对于压电式触觉传感器，也已经提出了几种可以被广泛运用的材料，如聚偏二氯乙烯（PVDF）、多晶 PZT 和 ZnO 等。

来自韩国光云大学的 Junwoo Lee 及团队提出了一种新型的压电式触觉传感器，它由排列整齐的压电 PZT 传感器层和刚性玻璃板组合而成。

该传感器包含四个压电传感器阵列，并通过四个应力集中腿和顶部玻璃板连接。

如图 3.16 所示，该触觉传感器的制备流程可大致分为三步。首先，制备玻璃材料顶板，如图 3.16(a) 所示。顶板包含四个制作的玻璃块作为支脚，每个支脚的尺寸为 1.8mm（长）×1.8mm（宽）×500μm（厚度）。其次，在硅晶片上制作压电薄膜传感器层，如图 3.16(b) 所示。最后，将第一步制成的玻璃顶板和第二步制成的压电薄膜传感器层集成。顶部和底部传感器简单地通过旋涂 1μm 厚的 PDMS 胶黏剂层黏合，最终结果如图 3.16(c) 所示。该触觉传感器由 4 个压力传感器组成，压电薄膜位于设备的拐角处。当压力施加到顶部玻璃板上时，可以通过测量来自四个压电压力传感器单元的信号来监测位置和力的方向。

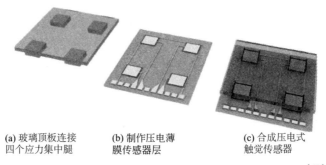

(a) 玻璃顶板连接四个应力集中腿　　(b) 制作压电薄膜传感器层　　(c) 合成压电式触觉传感器

图 3.16　使用压电有源传感器阵列的触觉传感器制备流程图[15]

下面详细叙述在硅晶片上制作压电薄膜传感器层的工艺。

MEMS 压电薄膜传感器尺寸为 10mm×12mm，共由 7 层组成，由下至上分别是 SiO_2(100nm)、Ta(30nm)、Pt(150nm)、PZT(1μm)、Pt(100nm)、SiO_2(100nm) 和 Au(150nm)，其实物图如图 3.17 所示。所有压电功能膜的总厚度为 1.63μm。底部电极通过四个力传感器单元共同连接，并且 PZT 膜处于隔离结构。将制备的 Si、SiO_2、Ta、Pt 基板在 650℃退火 30min，并使用溶胶-凝胶法制备 PZT（52/48）膜，其中使用三水合乙酸铅、丙醇锆、异丙醇钛、1,3-丙二醇和乙酰丙酮作为溶剂。旋涂后在 3000r/min 下沉积 30s，然后在 400℃下煅烧 5min，最后在 650℃退火。薄膜沉积之后，依次刻蚀顶部的 Pt、PZT 和底部的 Pt，然后使用等离子增强化学气相沉积的方法（PECVD）沉积二氧化硅。使用 H_2O、HCl 和 HF 比例为 270∶15∶1 的刻蚀溶液湿法刻蚀 PZT 层。将顶部电极上的二氧化硅层制造出通孔后，使用剥离工艺沉积 Au 薄膜。

Au 层用于连接顶部的电极和电焊盘。最后，公共底部电极与位于器件侧面的电焊盘连接。极化在 150℃，100kV/cm 的电场下进行。

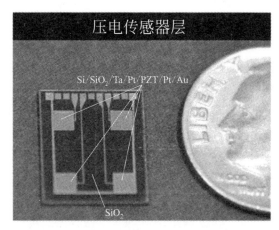

图 3.17　压电传感器单元的光学图像[16]

完全集成的传感器如图 3.18 所示。压电传感器的尺寸为 10mm×12mm；压电传感器上的四个压力感测单元的尺寸为 1.8mm×1.8mm；顶板的尺寸为 9mm×9mm×500μm。当物体接触玻璃板的任何部分时，压力传递到四个压电压力传感器单元，因此压电信号与施加的载荷成比例增加。

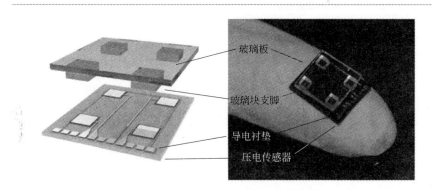

图 3.18　完全集成的传感器示意图

通过对该传感器进行测试发现，在测试静态性能时，当给予 3kPa 至 30kPa 的压力时，输出电压从 1.8mV 变化至 11mV，并呈现出良好的线性关系。当在传感器单元之间施加 30kPa 的静态力时，所产生的信号约为 11mV，显示出阵列力传感器具有良好的均匀性和再现性的能力。在测试动态性能时，研究者利用圆珠笔尖来模拟温和的触觉。随着圆珠笔尖在玻璃板上温和移动，产生了与施加压力成正比的电信号，可以通过读取电信号及其斜率来判断施加力的大小和方向。

（2）多晶硅薄膜晶体管压电传感器

多晶硅薄膜晶体管压电传感器是一种超灵活触觉传感器，它采用了一种压电体-氧化物-半导体场效应晶体管（POSTFT）构造，基于多晶硅直接集成在聚酰亚胺上。这种超灵活装置是根据扩展栅结构设计的，如图 3.19 所示[17]，这种结构更坚固，并且设计也更灵活且易于钝化。由于采用了高电场（大于 $1mV/cm$）的极化过程，使得该传感器显著增强了压电性能，最终压电系数（d_{33}）达 47pC/N。POSTFT 适合于智能传感器应用的人造皮肤的设计和制造。利用这种技术，可以实现触觉传感器阵列，最大限度地减小主动传感器的区域。此外，使用基于 LTPS TFT（Low Temperature Poly-silicon TFT）的电路还可以实现本地信号调制。这些结果对于要求触觉传感器的高灵活性和一致性的机器人应用来说尤为重要。

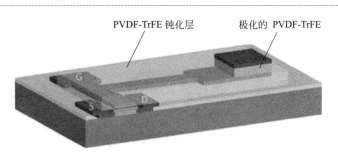

PVDF-TrFE 钝化层　　　　极化的 PVDF-TrFE

图 3.19　POSTFT 扩展栅结构图

压电体-氧化物-半导体场效应晶体管（POSTFT）按照非自对准结构直接集成在聚酰亚胺上。首先，在 350℃ 的温度下在被氧化的硅晶片上旋涂上一层 $8\mu m$ 厚的聚酰亚胺，这一层是刚性载体；然后，通过低温等离子体技术沉积上 Si_3N_4 和 SiO_2 薄层，该层作为聚酰亚胺和多晶硅之间的无机缓冲层，以防止多晶硅活性层被污染。制备 LTPS TFT 后，TFT 触点的金属层也被用作 PVDF-TrFE 压电电容的底部电极。然后，通过旋转涂层沉积 PVDF-TrFE 薄膜。利用铝作为牺牲层，PVDF-TrFE 通过 RIE 技术刻蚀出指定形状。最后，在电极化后通过喷墨打印一层银墨来连接这些终端。在这一过程结束时，在聚酰亚胺上的器件脱离刚性载体，如图 3.20 所示[18]。制造完成后对 PVDF-TrFE 电容器进行高电场极化，以便对聚合物分子链进行调整。

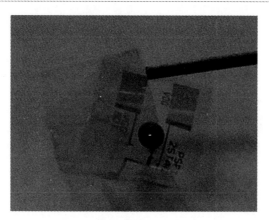

图 3.20 脱离刚性载体的装置图

（3）超薄硅基压电电容触觉传感器

如今，柔性电子产品被越来越广泛应用在日常生活中。其中一个受到广泛关注的应用是大面积的电子或触觉皮肤，它是多重感应（例如：湿度、触觉和温度感测等）和集成在柔性基板上的电子部件，能够为人们提供健康数据。在这些集成部件中，测量湿度的传感器可以分散分布，但是测量触觉和温度的传感器则需要在电子皮肤上整合，并且处于不同的位置传感器应具有不同的分辨率。因此，触觉传感器是电子皮肤最重要的部分。

超薄硅基压电电容触觉传感器的电容器在双面抛光的 6 英寸 P 型硅晶片上制造。硅晶片电阻率为 $10\sim20\Omega\cdot cm$，初始厚度为 $636\mu m$。选择双面抛光晶片是为了确保刻蚀表面上的高水平的平滑度，并且据此将应力保持在较低水平。

其制造过程如下。首先通过 LPCVD 方法沉积氧化硅-氮化硅-氧化硅堆叠。堆叠由 1200nm 的 SiO_2 层、80nm 的 Si_3N_4 层和 800nm 的 SiO_2 层组成。该叠层作为在湿法刻蚀期间所需刻蚀窗的图案化硬掩模。干法刻蚀正面堆叠，生长 PECVD SiO_2 以减少应力层数。通过溅射沉积 600nm 的铝膜并图案化以形成电容器的底部电极。使用磁力搅拌器在 800℃将 PVDF-TrFE 颗粒溶解在 RER 500 溶剂中以获得溶质比 10% 的溶液。然后将溶液旋涂在图案化晶片上，厚度为 $2\mu m$。

由于聚合物的压电性能取决于其晶体结构，所以通过在氮气环境中退火聚合物膜来提高结晶度。沉积厚度为 150nm 的 Au 作为电容器的顶部电极。之后，使用氧等离子体刻蚀 PVDF-TrFE。无论顶部 Au 电极在何处，它都被作为保护罩，防止聚合物被刻蚀。

在前端制造之后，进行后处理以实现超薄的电容结构。此时晶圆被部分切割，切割深度决定了薄片的最终厚度。选择使用 25% TMAH 溶液的湿法刻蚀，因为它具有非常低的亚表面损伤（SSD）的能力，因此可以非常光滑地刻蚀表面。在 900℃下进行刻蚀，刻蚀速度为 40μm/h。当刻蚀深度达到切割深度时，会自动进行管芯分离。将带有分离芯片的支架立即从 TMAH 浴中取出，并冲洗干净。使用真空吸尘系统分离模具。

现在已经有了使用 PVDF-TrFE 聚合物在体硅上制造的压电电容器，然后使用 TMAH 湿法刻蚀将其从原始厚度（636μm）减薄到约 35μm。这导致芯片的弯曲，未封装的芯片显示其有 1.6μm 的轻微翘曲。这是由于在封装芯片变薄后的应力而产生的。

3.3.3　MEMS 电流传感器

（1）MEMS 硅基压电交流电流传感器

这是一种能够用于检测电力基础设施能耗的交流电流传感器。它的整体结构是一个附着永磁体并且表面覆盖了一层薄薄的压电材料的硅悬臂梁。

如图 3.21 所示，传感器悬臂梁的自由端附着一个永磁铁，其磁化方向与悬臂梁运动方向一致。其原理是：当梁靠近一条通有交流电流的导线时，永磁铁处在导线电流产生的交替磁场中，导致整个装置以该交流电的频率振动。振动使表面的压电材料产生与导线中的交流电成比例的交流电压。

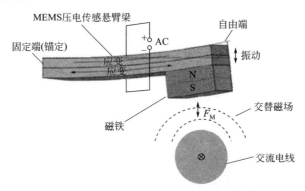

图 3.21　MEMS 电流传感器示意图 [19]

这种传感器在共振状态下工作，同时具有传感器与放大器的功能，能在较低的电流下达到较高的输出电压。它是硅基的，并且使用的是剩磁高达 1.3T 的永磁体，适用于高体积 CMOS 集成制造。

在一个概念验证实验中，设计了一个简单的测试结构，如图 3.22 所示。该结构是一个 SOI 晶片，包含一层 $25\mu m$ 厚的硅器件层、一层 $1\mu m$ 厚的 SiO_2 层和一层 $500\mu m$ 厚的处理硅层，一个微型的永磁铁被安装在刻蚀硅形成的框架内。在实际开发中，将在表面加上一层压电材料氮化铝（AlN），并且会使传感器的共振频率为许多国家交流供电线路的频率 50Hz。

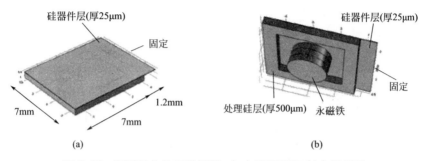

图 3.22　测试结构的三维模型，（a）俯视图和（b）仰视图

（2）振动对消压电永磁电流传感器

这种交流电流传感器使用一对交叉耦合的 MEMS 压电悬臂梁，其自由端有极性相反的磁铁，不需要外部电源即可测量 AC 电流。当一个永磁铁被放置于外部磁场中时，如果这个磁体连接到一个压电悬臂的自由端，由此产生的力将使压电材料产生应变，并因此产生电荷。此外，如果压电材料的电极与放大器电阻相连，那么便会产生电流，并在电阻两端产生电压。如果该磁场的源是一个载流导体，那么将产生的是与导线中电流成正比的电压，如图 3.23 所示。

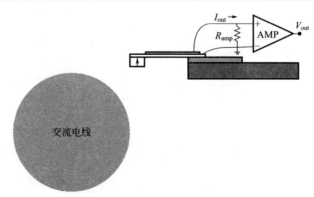

图 3.23　靠近交流电线的压电永磁电流传感器的侧视图 [20]

单悬臂结构极易受振动噪声的影响，而使用一对悬臂梁结构，可以从最终输出中消除此噪声。如图 3.24 所示[21]，这种悬臂结构特点是有一对极性相反的磁铁和两个电路中交叉连接的设备。当此传感器沿导线轴向放置（两个磁铁与导线中心的距离相等），两悬臂产生机械噪声（例如：振动）是不同相的，因此能够相互抵消，而反极性磁铁能确保磁信号是同相的。

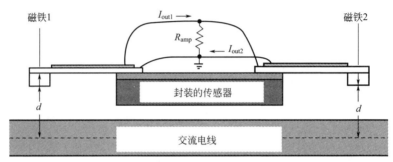

图 3.24　两个放置在与交流电线距离为 d 处的具有
反向极性磁体并在电路中交叉连接的压电悬臂梁

双悬臂设计采用 PiezoMUMPS 工艺，将所提供的设备和电线粘合在电路板上，永磁铁通过胶黏剂安装在使用高分辨率的 3D 打印出的放置位置内。装置如图 3.25 所示。该装置长 11.2mm，并在距导体中心 6.8mm 处输出灵敏度为 5.8mV/g。传感器装置的频率为 60～200Hz。除与器件第一谐振模式相对应的频率之外，其他情况下，对消技术都是有效的。

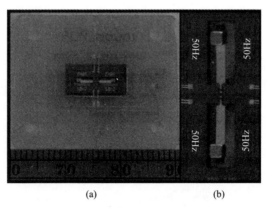

图 3.25　（a）双悬臂式电流传感器;（b）双悬臂 MEMS 模具的旋转特写

3.3.4 MEMS 声学传感器

以基于人造基膜的多通道压电声学传感器为例介绍 MEMS 声学传感器的设计。

传统的人工耳蜗植入物由三部分组成：一个将声音转换成电信号的麦克风；一个用来处理转换后电信号的信号处理器和一个用于传输处理后信号并刺激神经细胞的电极阵列感应线圈。

多通道压电声学传感器 McPAS 采用多通道压电声学信号传输，并且能够进行频率分离，从而产生相应的电信号，来进行声传感器的机械振动和压电信号转换。McPAS 的原理图如图 3.26 所示[2]。

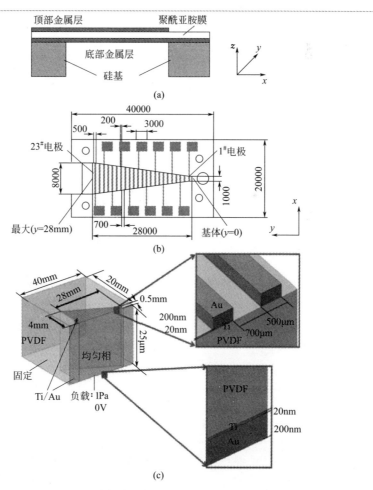

图 3.26　人造基底膜装置的示意图和有限元模型

装置由压电薄膜层和具有支撑薄膜层的梯形开口的硅结构组成。薄膜顶部有沿着 y 轴均匀分布的 23 个离散薄金属线电极。

多通道压电声学传感器 McPAS 制造步骤可以分为三个阶段：制造 Si 结构、制备压电薄膜和黏结工艺。其工艺流程如图 3.27 所示，使用的压电薄膜是厚度为 $25.4\mu m$ 的聚偏二氟乙烯（PVDF）薄膜。

首先，在 Si 晶片的正面上沉积 300nm 厚的铝掩模层。再将正性光致抗蚀剂旋涂在前侧并使其固化，并且通过紫外（UV）光曝光和显影限定梯形开口。紫外线首先刻蚀暴露的 Al 层，剥离残留的光致抗蚀剂。光致抗蚀剂和 Al 钝化层被沉积在衬底的底部上作为掩蔽层。最后，通过硅干法刻蚀实现梯形开口。

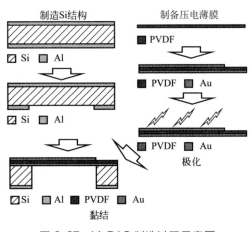

图 3.27　McPAS 制造过程示意图

多通道压电声学传感器可以根据其频率分离声信号，并将膜振动转换为电信号。与常规耳蜗植入物相比，所需要的功率更小，同时能够在声音转换中表现出更自然的性能，从而有助于提高听力损失患者的生活质量。

3.3.5　MEMS 力磁传感器

以基于薄膜压电半导体振荡微机械谐振器的洛伦兹力磁传感器为例介绍 MEMS 力磁传感器的设计。

磁场传感器从早期的导航开始，如今在速度检测、位置检测、电流检测、车辆检测、方向检测（电子罗盘）和脑功能映射等方面都得到了广泛的应用。如今，消费电子产品采用先进的多自由度（DOF）惯性测量单元（IMU）、由 DOF IMU 单元集成的 3 轴加速度计、3 轴陀螺仪和 3 轴磁传感器。

下面介绍的洛伦兹力磁传感器是一种基于侧向振动的薄膜压电 TPoS 谐振器的 MEMS 磁力计。

器件使用铸造 AlN-on-SOI MEMS 工艺制造。图 3.28(a) 是制造装置的光学显微照片，图 3.28(b) 显示出了在图 3.28(a) 上标记的 A—A 横截面示意图。顶部金属 Al 层通过 $0.5\mu m$ 厚的压电 AlN 层与硅器件层（厚 $10\mu m$）绝缘。谐振器基于矩形板，其通过承载 AC 驱动电流 I_{AC} 的约束在每个拐角处被支撑。交流驱动电流以 33.27MHz 的谐振频率沿相反方向通过差分对的交流输入电压施加在金属轨道上。平面外磁场（B_z）产生相反方向的洛伦兹力对（F_y），其激励侧向振动模式如图 3.29 所示。

谐振器的平面内振动模式具有相关的横向应力分布。因此，压电层中的调制应力耦合到通过压电效应的输出谐振运动电流。从输出贴片电极感测运动电流如图 3.28(a) 所示。器件的灵敏度由输出电流与施加的磁场的比值定义。

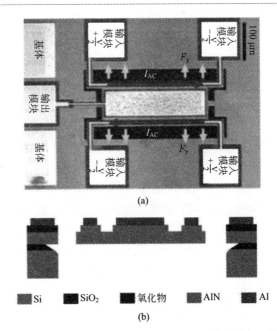

图 3.28　SEM 光学显微照片和中间发射谐振器结构 [22]

从图 3.29(a) 可以看出，在矩形板的角部添加约束会导致图 3.29 (b) 所示的期望的振动模式。在频域研究中将洛伦兹力施加到板的侧面，得到应力诱导电流，基于此，得出器件的灵敏度为 $0.33\mu A/T$。值得注意的是，拐角约束可以减少 Q 值，同时伴随模式失真减小的压电耦合会降低灵敏度。

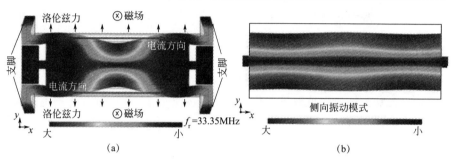

图 3.29　（a）使用 COMSOL 通过 FEA 模拟的 TPoS MEMS 磁强计的横向振动模式；（b）沿着板的长度均匀位移的侧向振动模式

3.3.6　MEMS 病毒检测传感器

以基于病毒检测的 MEMS 压电传感器为例介绍 MEMS 病毒检测传感器的设计。

在早期疾病检测方面，往往需要从小体积样品中检测多个靶分子，例如艾滋病毒（HIV）和疱疹病毒，它们尺寸都为约 100nm。根据特定生物分子会调整其表面性能，可以制造出化学功能化的 MEMS 悬臂，用于生物分子之间相容性和相互作用的研究。Moudgil A 等人研究出了一种新型的压电 MEMS 传感器，用于检测包括 HIV 和 100nm 大小的疱疹病毒。传感器中使用了长度为 $500\mu m$ 的 PZT-5A 压电微悬臂，用于感测由悬臂尖端吸附病毒质量引起的机械振动变化，产生不同谐振频率的输出电压信号。放置在振荡环境中的悬臂产生应变，从而产生压力。悬臂的固定端具有 PZT 层，产生的应力的增加会导致输出电压的增加。可以使用适当的电极和运算放大电路来获取和放大输入电压信号。可以通过使用检测特异性的各种生物标志物来完成病毒的检测。

PZT-5A 微型悬臂梁的设计简述如下。

将由多晶硅制成的尺寸为 $500\mu m \times 100\mu m \times 7\mu m$ 的微型悬臂作为设计的第一层。第二层是 $500\mu m \times 100\mu m \times 7\mu m$ 的 SiO_2 绝缘体，其具有 $200\mu m \times 80\mu m \times 4\mu m$ 的凹坑以结合尽量多的病毒。在固定端，在悬臂的顶部，尺寸为 $50\mu m \times 100\mu m \times 2\mu m$ 的压电材料（PZT-5A）被夹在上、

下铂电极之间。铂电极的目的是取出用于测量产生的输出电压的电子。使用 SiO_2 层来隔离微悬臂梁。固定端可以由 SiO_2 层端接，SiO_2 层用于绝缘，因此可以连接微悬臂或其他微型模块阵列。微型悬梁示意图如图 3.30 所示[23]。

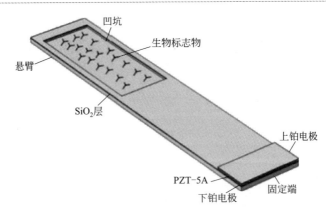

图 3.30　PZT-5A 微型悬梁的设计

参考文献

[1] 曹乐，樊尚春，邢维巍. MEMS 压力传感器原理及其应用[J]. 计测技术，2012, 1.

[2] 孙艳梅，刘树东. 压力传感器温度补偿的一种新方法[J]. 光通信研究，2011（1）：62-64.

[3] Hossain A, Mian A. Four-Terminal Square Piezoresistive Sensors for MEMS Pressure Sensing[J]. Journal of Sensors, 2017.

[4] Tykhan M, Ivakhiv O, Teslyuk V. New type of piezoresistive pressure sensors for environments with rapidly changing temperature[J]. Metrology and Measurement Systems, 2017, 24（1）：185-192.

[5] AKHTAR, DIXIT, B. B, et al. Polysilicon piezoresistive pressure sensors based on MEMS technology[J]. Iete Journal of Research, 2003, 49（6）：365-377.

[6] Singh K, Joyce R, Varghese S, et al. Fabrication of electron beam physical vapor deposited polysilicon piezoresistive MEMS pressure sensor[J]. Sensors & Actuators A Physical, 2015, 223: 151-158.

[7] Choi D K, Lee S H. A Flowmeter with Piezoresistive Metal Layer Deposited

with Focused-Ion-Beam System[J]. Integrated Ferroelectrics, 2014, 157（1）: 157-167.

[8]　Beck P A, Auld B A, Kim K S. Silicon Sensors as Process Monitoring Devices [J]. Research in Nondestructive Evaluation, 5（2）: 71-93.

[9]　Ngo H D, Mukhopadhyay B, Ehrmann O, et al. Advanced Liquid-Free, Piezoresistive, SOI-Based Pressure Sensors for Measurements in Harsh Environments. [J]. Sensors, 2015, 15（8）: 20305-20315.

[10]　Shaby S M, Premi M S G, Martin B. Enhancing the performance of mems piezoresistive pressure sensor using germanium nanowire[J]. Procedia Materials Science, 2015, 10: 254-262.

[11]　Wang L. A method to improve sensitivity of piezoresistive sensor based on conductive polymer composite [J]. IEEE/ASME Transactions on Mechatronics, 2015, 20（6）: 3242-3248.

[12]　Andò B, Baglio S, Savalli N, et al. Cascaded "triple-bent-beam" MEMS sensor for contactless temperature measurements in nonaccessible environments[J]. IEEE Transactions on Instrumentation and Measurement, 2011, 60（4）: 1348-1357.

[13]　Andò B, Baglio S, L' Episcopo G, et al. A BE-SOI MEMS for inertial measurement in geophysical applications[J]. IEEE Transactions on Instrumentation and Measurement, 2011, 60（5）: 1901-1908.

[14]　Di Marco F, Presti M L, Graziani S, et al. Fluid flow meter and corresponding flow measuring methods: U. S. Patent 6, 119, 529[P]. 2000-9-19.

[15]　Sunier R, Vancura T, Li Y, et al. Res-onant magnetic field sensor with frequency output[J]. Journal of microelectromechanical systems, 2006, 15（5）: 1098-1107.

[16]　Mayer F, Bühler J, Streiff M, et al. Pressure sensor having a chamber and a method for fabricating the same: U. S. Patent 7, 704, 774[P]. 2010-4-27.

[17]　Inomata N, Suwa W, Van Toan N, et al. Resonant magnetic sensor using concentration of magnetic field gradient by asymmetric permalloy plates[J]. Microsystem Technologies, 2018: 1-7.

[18]　Nguyen H D, Erbland J A, Sorenson L D, et al. UHF piezoelectric quartz mems magnetometers based on acoustic coupling of flexural and thickness shear modes[C]//2015 28th IEEE International Conference on Micro Electro Mechanical Systems （MEMS）. IEEE, 2015: 944-947.

[19]　Sunier R, Kuemin C, Hummel R. Membrane-based sensor device with non-dielectric etch-stop layer around substrate recess: U. S. Patent 9, 224, 658[P]. 2015-12-29.

[20]　Nie B, Li R, Cao J, et al. Flexible transparent iontronic film for interfacial capacitive pressure sensing [J]. Advanced Materials, 2015, 27（39）: 6055-6062.

[21]　Zhang J, Cui J, Lu Y, et al. A flexible capacitive tactile sensor for manipulator [C]//International Conference on Cognitive Systems and Signal Processing. Springer, Singapore, 2016: 303-309.

[22]　Amjadi M, Kyung K U, Park I, et al. Stretchable, skin-mountable, and

wearable strain sensors and their potential applications: a review[J]. Advanced Functional Materials, 2016, 26（11）: 1678-1698.

[23] Brookhuis R A, Sanders R G P, Ma

K, et al. Miniature large range multi-axis force-torque sensor for biomechanical applications[J]. Journal of micromechanics and microengineering, 2015, 25（2）: 025012.

第4章

非硅基柔性
传感技术

4.1 柔性传感器的特点和常用材料

4.1.1 柔性传感器的特点

目前，智能传感器的应用已渗透到诸如工业生产、海洋探测、环境保护、医学诊断、生物工程、虚拟现实、智能家居等方方面面。传感器在某种程度上可以说是决定一个系统特性和性能指标的关键部件。随着可穿戴设备以及物联网技术的发展，人们对传感器应用的需求不断提高，不仅对被测量的范围、精度和稳定性等各项参数的期望值提出更高的要求，同时，期望传感器还具有透明、柔韧、延展、可自由弯曲、形状多变，易于携带的特点，从而可以灵活应用于各种可穿戴设备、植入式设备、智能化监测设备和物联网节点设备终端。柔性可延展的传感器代表了新一代半导体传感器的发展方向，既具有传统硅基传感器的性能，也具有能够像橡皮筋一样拉伸，像绳子一样扭曲，像纸张一样折叠的性能。普通传感器与柔性传感器的对比分析如表 4.1 所示。

表 4.1 普通传感器与柔性传感器的对比分析

种类	材料	可实现的柔性	工艺水平	适用范围	优点	缺点
普通传感器	金属材料 陶瓷材料	约 0~10%	较为完善	机械、电磁、气敏、湿敏、热敏、红外敏等传感器	导电性能好、耐磨损、耐腐蚀、耐高温、高强度、高硬度、价格低廉、运行速度快	较重、刚性、离散式、无塑性、易断裂
柔性传感器	纳米材料 有机材料	20%~80%	相对不成熟	力敏、热敏、光敏、气体、湿度、有机分子等传感器	轻质、柔性、分布式、集成度不变的情况下大大降低厚度	力学性能与封装性要求高、成本较高

一般来说，物理传感元件与其电气参数的相对变化有关，如压电式、摩擦电式、电容式或电阻式，所需检测和量化的物理数据包括压力和温度等。根据这些变化敏感元件的类型，大体上可以分为固态传感器和液态传感器。顾名思义，固态传感器的敏感元件通常是固体形式，包括纳米材料的聚合物、碳、半导体和金属，例如，碳纳米管

（CNTs）、半导体和金属纳米线、纳米纤维聚合物和金属纳米颗粒。相反，采用液态敏感元件的物理传感器，如离子和液态金属，被归为液态传感器。

　　首先，材料的选择是实现开发柔性传感器的关键因素之一，柔性传感器研究在很大程度上取决于新材料、新结构以及新加工方法的研究进展。同时，良好的电气性能和易于大规模加工对于制作高功能、低成本的柔性传感器也是十分重要的。通过在薄的柔性基板上开发传感器虽然能使传感器获得一定的柔韧性，但可拉伸性却难以实现。柔性可拉伸传感器的基底材料以及功能材料可以通过研究可拉伸的材料或者改变不可拉伸功能材料的几何结构来获得。例如，高模量的脆性材料如金属和无机半导体具有优异的电学性能，是传感器常用的功能材料，可以通过改变它们的几何结构来获得较大的延展性。一个最为直观的例子便是弹簧，虽然制作材料是刚性的，但它能够被拉伸。如图 4.1(a) 所示，将高模量薄膜沉积到预应变的弹性基底上使其在系统松弛时形成弯曲薄膜，这种形式的薄膜可以被拉伸或压缩一定的程度而不产生破坏。为了使器件能够适应更大的应变，获得更高的延伸率，可以采用蛇形或者马蹄形的结构，如图 4.1(b) 所示，在保证导电性的前提下，蛇形结构可以承受最高 300% 的应变。

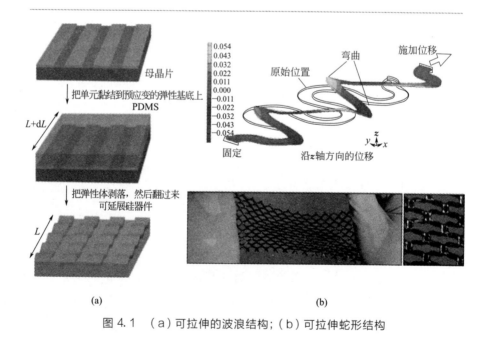

图 4.1　（a）可拉伸的波浪结构；（b）可拉伸蛇形结构

4.1.2 柔性基底材料

柔性基底是柔性传感器区别于传统硅基传感器最突出的特点，除了需要具有传统刚性基底的绝缘性、廉价性等特点外，还需要柔软、轻质、透明等特性，以实现弯曲、扭曲和伸缩等复杂的机械变形。柔性材料在各种拓扑和几何形状的表面上能提供极好的变形能力和适应性。通常，柔性传感器由诸如聚碳酸酯（PC）和聚对苯二甲酸乙二醇酯（PET）的基材制成，其提供优异的可变形性和光学透明度。另一类柔性基材，如聚二甲基硅氧烷（Polydimethylsiloxane，PDMS）和硅橡胶，例如 EcoFlex（Smooth-On，Macungie，PA，USA），DragonSkin®（Smooth-On，Macungie，PA，USA）和 Silbione（Bluestar Silicones，East Brunswick，NJ，USA）。这些柔性弹性体在不同的纹理和几何形状的不同表面上具有高度的可变形性和适应性，使得它们能够成为可伸缩可穿戴传感系统的基本组件之一。此外，这些柔性硅氧烷弹性体通常具有化学惰性和生物相容性，使其非常适合可植入柔性传感器。除此之外，聚酰亚胺（Polyimide，PI）和聚萘二甲酸乙二醇酯（Polyethylene naphthalate，PEN）也常被用作柔性传感器件的基底材料。PI 是综合性能最佳的有机高分子材料之一，有很好的力学性能，抗拉强度均在 100MPa 以上，耐温点可达到 250℃ 且可长期使用，无明显熔点。PET 是一种饱和的热塑性聚合物，长期使用温度可达 120℃，具有优良的耐摩擦性、尺寸稳定性和电绝缘性，价格低、产量大、力学性能好、表面平滑且有光泽。PEN 是一种新兴的优良聚合物，其化学结构与 PET 相似，不同之处在于，PEN 分子链中用刚性更大的萘环代替了苯环。萘环结构使 PEN 比 PET 具有更高的力学性能，分子中萘环的引入提高了大分子的芳香度，使得 PEN 比 PET 表现出更为优良的耐热性能。它们的材料属性如表 4.2 所示。

4.1.3 金属导电材料

电极是传感器实现功能的最为关键的部件之一，电极材料通常采用具有优良的导电性能的金属材料，如 Au、Ag、Cu、Cr、Al 等。为了实现可拉伸性，通常结合磁控溅射、丝网印刷、喷墨打印工艺来制作图形化电极层，并设计成蛇纹网状结构，如图 4.2 所示，通过合理设计可以实现超过 100%～200% 的延伸率。

表 4.2　聚合物基底材料及其材料属性

A	柔性基底	杨氏模量/MPa	应变/%	泊松比	处理温度/℃
聚合物基底	聚对苯二甲酸乙二醇酯(PET)	2000~4100	<5	0.3~0.45	70
	聚碳酸酯(PC)	2600~3000	<1	0.37	150
	聚氨酯(PU)	10~50	>100	0.48~0.49999	80
	聚萘二甲酸乙二醇酯(PEN)	5000~5500	<3	0.3~0.37	120
	聚酰亚胺(PI)	2500~10000	<5	0.34~0.48	270
硅弹性体	聚二甲基硅氧烷(PDMS)	0.36~0.87	>200	0.49999	70~80
	EcoFlex	0.02~0.25	>300	0.49999	25
	龙鳞甲	1.11	>300	0.49999	25
	有机硅	0.005	>250	0.49999	25

B	敏感元件	结构/形式	尺寸	
导电材料	金属纳米材料(如 Ag、Au、Cu、Al、Mn、Zn)	纳米粒子、纳米线、纳米棒	2~400nm(直径) 200~1000nm(长度)	
	碳基纳米材料(如 CNTs、graphene)	纳米线、纳米管、纳米纤维	10~2000nm(直径) 500~5000nm(长度)	
	离子或金属液体(如 eGaIn、Galinstan)	液体	不适用	

C	制造技术	分辨率/μm	生产量/(m/min)	局限性
增材制造	凹版印刷	50~500	8~100	由于对齐面的存在导致分辨率的局限性
	丝网印刷	30~700	0.6~100	油墨种类少、黏度要求高，需要硬掩码来替换
	喷墨打印	15~100	0.02~5	不适合对辊生产，Coffee-ring 效应，印刷面积有限

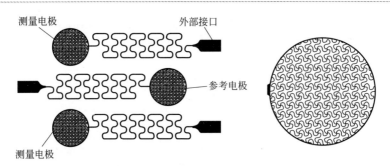

图 4.2　蛇纹网格金属电极结构

此外，在室温或者接近室温条件下为液态的金属同时具有导电性能和流体性能，即同时具有导电性能和延展性，是制作柔性传感器的理想材料。常见的汞液态金属具有毒性，不适用于柔性传感器的制作材料。目前，基于镓的液态金属是汞金属的低毒替代物，它在室温下不会蒸发产生有毒气体，也难溶于水。不仅如此，美国食品和药物管理局（FDA）批准了镓盐（如硝酸镓，它是一种氧化但溶解度更高的镓形式）用于磁共振成像（MRI）造影剂，也具有一定的治疗价值，镓基液体金属还被证明是抗癌药物的有效载体，但液态金属仍然应小心对待。室温下，镓具有低黏度、高电导率和热导率，它的熔点为 30℃，但可以通过加入其他金属如铟（共晶镓铟，EGaIn，熔点 15.7℃）和锡（镓铟锡，熔点－19℃）来降低熔点。

液态金属应用于可拉伸的柔性电子器件必须能够实现图案化。对于固体金属材料，通常先通过固体沉淀如磁控溅射技术在基底表面旋涂一层金属薄膜，然后通过光刻和刻蚀形成所需的图案。但显然不能直接对液态金属采用以上的方法进行图案化，这就增加了将液态金属应用到柔性器件中的难度。尽管存在挑战，仍有研究人员提出了液态金属图案化的方法，主要分为四类：印刷工艺、注射工艺、增材制造和减材制造。虽然光刻方法不能直接应用于液态金属的图案化中，但平版印刷方法仍然利用了光刻工艺的技术，其方法包括压印[1] 和模板光刻[2,3]［图 4.3(a),(b)］。注射的方法即将液态金属注入微通道中[4]　［图 4.3(c)］，施加足够的压力，就可以使液态金属填充通道，填充所需的压力与通道的直径成反比。使用"拉普拉斯阻挡法"可以将液态金属引导至复杂的通道中[5]，也可以填充多层通道。增材制造的方法是指仅在所需要的位置沉积液态金属，喷墨打印是传统的增材图案化技术，但使用传统的喷墨打印难以实现液态金属的图案化。然而，使用喷墨打印技术沉积液态金属的胶体悬浮液却是可行的［图 4.3(d)］，然后在室温下进行"机械烧结"获得所需的图案[6]。减材技术是选择性地从薄膜中去除金属以留下金属图案的技术，如激光烧蚀弹性体[7]。

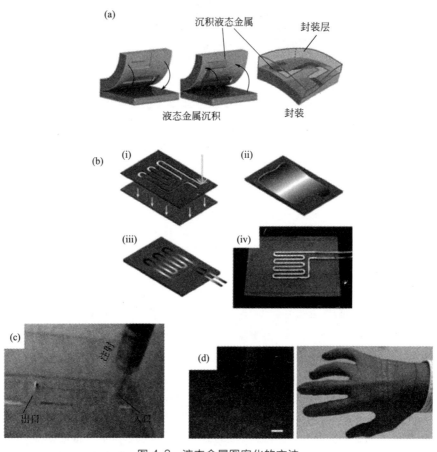

图 4.3　液态金属图案化的方法

4.1.4　碳基纳米材料

碳基材料是制作柔性传感器的常用材料，从一维的碳纳米管到二维的石墨烯，以及石墨和炭黑颗粒，都广泛地应用于柔性传感器中。导电性能对于传感器材料十分重要，可以将电阻率低、导电性能好的碳颗粒加入绝缘的弹性体中，形成可拉伸的半导体或导体材料。

碳纳米管（CNTs）因其优异的电学性能和力学性能以及化学稳定性

而备受关注，被广泛地应用到微纳米传感器中。由于电子在碳纳米管内的径向运动受到限制，而在轴向的运动不受任何限制，碳纳米管的径向电阻大于轴向电阻，并且这种各向异性会随着温度的降低而增大。通过改变碳纳米管的网络结构和直径可以改变导电性能，当管径大于 6nm 时，导电性能下降；当管径小于 6nm 时，碳纳米管可以被看成具有良好导电性的一维量子导线。利用单臂 CNTs（SWCNTs）制作传感器感应薄膜，当传感器受到拉力时，薄膜断裂形成断层或被拉伸成束状结构，此时碳纳米管的导电性能发生改变，输出的电信号发生改变，以此来检测传感器是否受到力的作用。用碳纳米管材料制作的传感器灵敏度高、反应快、耐用性强。与碳颗粒类似，碳纳米管优良的电学性能及各向异性，可以用作弹性复合材料的填料，分布在弹性体中的碳纳米管颗粒可以使绝缘的弹性体变成半导体或导体。碳纳米管的合成技术简单且成本较低，常用的制备方法有电弧放电法和激光烧蚀法。批量生产的碳纳米管与大面积溶液处理技术相结合，通过过滤、旋涂、喷涂和喷墨印刷等方法直接将碳纳米管沉积到柔性基底上。

石墨烯是一种由碳原子以 sp^2 杂化轨道组成六角形呈蜂巢晶格的二维碳纳米材料。石墨烯是目前强度最高的材料之一，同时还具有很好的韧性，且可以弯曲，石墨烯的理论杨氏模量达 1.0TPa，固有的拉伸强度为 130GPa，并且具有非常明显的载流子迁移率。根据石墨烯的加工方法可以将其用作半导体或导体。石墨烯通过化学气相淀积（CVD）和化学剥离等技术进行大规模生产后，可采用膜转移技术来制备传感元件。另外，还原氧化石墨烯法与喷涂、真空过滤、浸涂、旋涂和喷墨印刷等技术结合，可直接将石墨烯片大面积沉积在柔性底物上，实现低成本、可批量生产的柔性传感器件。近年来在许多应用中已经证明了石墨烯的物理传感器的可行性，包括检测和监测湿度、pH 值、化学物质、生物分子和机械力。此外，石墨烯的生物相容性开辟了其作为植入式生物物理传感器的更多可能性。

在最新的研究中，Roh 等[8] 描述了使用 SWCNTs 的纳米混合物和复合聚合物［3,4-乙基-二氧噻吩-聚合物（苯乙烯磺酸盐）］的导电复合弹性体（PEDOT：PSS）和聚氨酯（PU）分散体，用于开发具有高灵敏度、可靠性和可调性的拉伸应变传感器（图 4.4）。可拉伸的应变传感器连接到不同的面部和身体部位，能够监测面部表情和日常活动中的皮肤应变和肌肉运动。在结构上，应变传感器是在 PDMS 基底上的 PU-PE-DOT：PSS/SWCNT/PU-PEDOT：PSS 的三层堆叠结构（图 4.4）。此外，由于 CNT 与顶部和底部导电 PU-PEDOT：PSS 弹性体层之间的相

互作用，基于 SWCNT 的纳米混合传感器的表面形态是多孔的[图 4.4
(b)ii]。Kim 等人报道了基于弹性砂高度导电的 CNT 微型薄膜的高灵敏
度多模态全碳皮肤传感器的发展。固态可穿戴传感器能够同时感知多种
外部物理刺激，包括触觉、湿度、温度和生物变量。分级工程化 CNT 组
装的微观 1D 织物通常是具有比单个 CNT 更好的力学、电学和热性能。
在结构上，多刺激响应感觉系统采用包括 CNT 微电路和 PDMS 基底上
的可拉伸弹性体电介质的压电容器型装置[图 4.4(b)i]。在这种布置中，
将 CNT 纳米线对齐，使得存在点对点重叠以获得具有高空间分辨率和灵
敏度的可靠传感器阵列。CNT 纳米线的表面呈现了分层结构的纤维网，
这有助于其疏水，以及在施加的应力下优异的抗疲劳或损伤性
能[图 4.4(b)ii]。

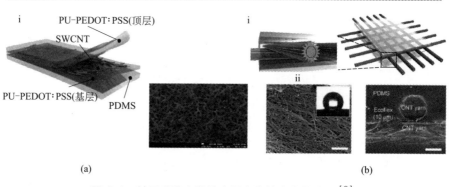

图 4.4　基于碳纳米管纳米混合物的应变传感器[8]

4.1.5　纳米功能材料

为了实现传感器的柔性与可拉伸性，需要在材料设计中引入新的方
法，包括通过已有材料的纳米尺度加工实现柔性，以及合成新的纳米功
能材料。一旦刚性材料变薄达到纳米级别时，该材料便具有了可拉伸性。
例如，硅纳米膜（Si NMs）的刚度比硅晶片小 1.6 个数量级。无论是自
上而下加工纳米材料，还是自下而上合成新的纳米材料，都具有良好的
电学性能和力学性能，新合成的纳米材料具有单独一种材料所不具有的
优良性能。

图 4.5 展示了用于制作柔性器件的纳米材料的代表性形式[9]。纳
米颗粒（左上）是介于原子、分子和宏观物体之间的颗粒材料，图中
所示为氧化铁纳米颗粒。在一维纳米材料中，纳米线（右上）比纳米

管（左下）具有更好的载流子传输能力。纳米膜（右下）在平面结构器件中具有较强的电荷传输特性。合成的新的纳米材料及已有的纳米材料已经实现了许多新的传感器的研发，包括压力、应变和温度传感阵列。

Gong 等人报道了一种可穿戴压力传感器[10]，通过将金纳米线（AuNW）浸渍的薄纸夹在空白 PDMS 薄片和电极阵列图案化的 PDMS 基底之间。该基于 AuNW 的固态压力传感器的制造过程如图 4.6 所示。通过注入和干燥过程，首先合成具有极高纵横比的超薄 AuNW，并将其沉积在薄纸上。然后将坚固但柔韧的 AuNW 浸渍的图层插入两层坯料和图案化的 PDMS 基底之间。由于 AuNW 图层的柔韧性，制造的压力传感器可穿戴并且具有高度可弯曲性。

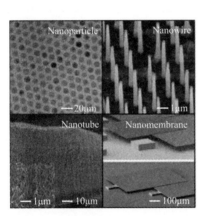

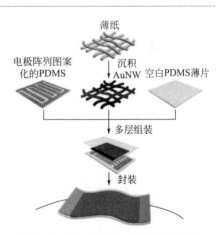

图 4.5　纳米材料的代表性形式　　　图 4.6　固态压力传感器的制造过程

4.1.6　导电聚合物材料

导电聚合物按照导电本质可分为结构型导电聚合物和复合型导电聚合物，前者是通过改变高分子的结构实现导电，后者是在高分子材料中加入导电填料实现导电。

结构型导电聚合物是柔性的、具有 π 共轭结构的材料。常用的导电聚合物材料有聚乙炔、聚噻吩、聚苯胺、聚吡咯等，按导电机理的不同可分为自由电子型、离子型和氧化还原型。虽然它们的电学性能不能与无机半导体相比，但这些材料比碳纳米管、石墨烯和纳米线具有更好的可加工性，并且材料的成本更低。不仅如此，它们的化学和物理性能还高度可调，可以通过化学合成改变分子结构来控制。例如，可以通过操纵分子结构来解决材料的光敏性和水敏性问题，也可以调节它们的溶解度来使它们与大面积溶液处理技术相兼容。

复合型导电聚合物是指以绝缘的聚合物为基体，加入导电性物质，使材料具备导电性。使聚合物具有导电性的原因主要有渗流效应、隧道效应和场致发射理论。渗流理论认为导电粒子相互接触或距离很小时，体系中会产生导通电路。导电粒子的相互接触相当于欧姆接触，电子在导电粒子上迁移的过程中受到的阻碍越小，导电就越通畅。因此，相互接触的导电粒子越多，材料的导电性就越好。隧道理论认为复合导电体系中导电不是靠导电粒子的接触来实现的，而是热振动时电子在导电粒子之间的迁移造成的。隧道效应几乎仅发生在距离很近的导电粒子之间。因其中涉及的参数都与填料间距离和填料分布情况相关，故此理论只能在一定的填料浓度范围内对材料体系的导电机理进行解释。场致发射理论认为导电粒子距离小于 10nm 时，粒子间强大电场可诱使发射电场产生，从而导致电流产生。

常见的导电填料有碳系材料（炭黑、石墨、碳纳米管等）、金属系材料（金、银、镍、铜、铝等）、金属氧化物系材料（氧化铝、氧化锡、氧化铅、氧化锌、二氧化钛等）以及各种金属盐和复合填料，常见填料的导电性如表 4.3 所示。

表 4.3　常见填料的导电性

材料名称	电导率/$(S \cdot cm^{-1})$	材料名称	电导率/$(S \cdot cm^{-1})$
银	6.17×10^5	锡	8.77×10^4
铜	5.92×10^5	铅	4.88×10^4
金	4.17×10^5	汞	1.04×10^4
铝	3.82×10^5	铋	9.43×10^3
锌	1.69×10^5	石墨	$1 \sim 10^3$
镍	1.38×10^5	炭黑	$1 \sim 10^2$

4.2　非硅基柔性触觉传感器

触觉是人类通过皮肤感知外界环境的一种形式，主要感知来自外界的温度、湿度、压力、振动等，以及感受目标物体的形状、大小、材质、软硬程度等。皮肤内的触觉感知依赖于被称为机械感受器的神经元，这些神经元嵌入在皮肤表面下面的不同深度，并对不同时间的力作出响应。

通过研究其工作机制，可以获得设计电子触觉皮肤的灵感。基于人类皮肤感知原理的触觉传感器功能越来越完善并且已经应用到诸多领域中。设计具有触觉感知功能的机器人皮肤，使机器人能够与人类紧密地共融合作，完成更复杂的工作。除了面向机器人应用，这种柔性传感阵列也可以应用于医疗领域中。集成到假肢中的柔性触觉传感器可以让截肢者恢复一部分的力觉感知功能，也可集成到可穿戴设备用于心脑血管病患者或慢性病患者的连续健康监测。触觉类的传感器研究有广义和狭义之分，广义的触觉包括触觉、压觉、力觉、滑觉、冷热觉等，狭义的触觉包括机械手与对象接触面上的力感知。

4.2.1 柔性触觉传感原理

将外界的触觉信号转换为电信号是触觉传感器的核心技术，主要的转换机制有压阻、压电、电容和摩擦电式，不同的转换机制具有不同的原理和特点，如图 4.7 所示。

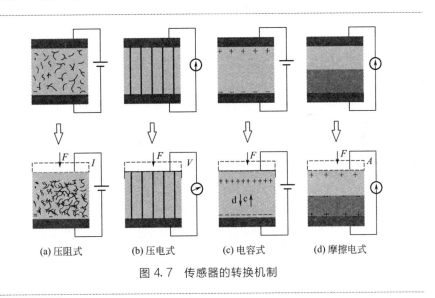

(a) 压阻式　　(b) 压电式　　(c) 电容式　　(d) 摩擦电式

图 4.7　传感器的转换机制

4.2.1.1 压阻式

压阻式触觉传感器将应力应变大小转化为电阻变化进行测量。电阻的变化主要由以下因素引起。

① 由于能带结构的变化导致电阻率的变化。即压阻效应，是指当半导体受到应力作用时，由于应力引起能带的变化，能谷的能量移动，使

其电阻率发生变化的现象。这是由 C. S 史密斯在 1954 年对硅和锗的电阻率与应力变化特性测试中发现的。

② 感测元件几何结构的变化。由电阻公式 $R = \rho L / A$ 可知，在电阻率不变的情况下，感测元件的电阻会随着其长度 L 和截面积 A 的变化而变化。

③ 两种材料之间的接触电阻 R_C 的变化。在外加应力作用下，两种材料间的接触电阻 R_C 随着接触面积的变化而变化，并且 R_C 与外加压力有如下关系：

$$R_C \propto F^{-1/2} \tag{4.1}$$

基于接触电阻的传感器具有温度灵敏度低、可调范围宽、响应速度快、易于制作等特点，但通常表现出不理想的漂移和滞后现象。

在复合材料中，导电颗粒在力的作用下分离或集中引起复合材料电阻率的变化。压阻型复合材料因其成本低、易于集成于器件而被广泛地应用于应变和力敏材料中。复合材料中的压阻取决于体系的组成、形态和应变大小。引起元件压阻变化的因素主要包括：由于能带结构的变化引起填料电阻率的变化；填料间隧道阻力的变化；渗透途径的分解与形成。

2004 年，日本东京大学 Takao Someya 研究小组研制了一种电阻式柔性触觉传感器[11]，如图 4.8 所示。他们通过 MEMS 制造工艺将具有压阻效应的石墨聚合物以及晶体管阵列到柔性衬底材料上，当按压聚合物时，电阻发生变化，可被晶体管记录下来。由于该传感器具有较高的灵敏度，且可以被制作成大规模的柔性电子皮肤，被广泛地应用于家政和用于娱乐的机器人中。如图 4.9 所示的是中国科学院苏州纳米技术与纳米仿生研究所研制的柔性电阻式传感器[12]，该传感器以灵敏度极高的碳纳米管薄膜作为导电材料，并以丝绸作为微结构模板，在碳纳米管薄膜上制备出各种图案，当有外力作用时，该碳纳米管材料的电阻会改变。以丝绸作为微结构模板，可以以较低的成本获得图案均匀的大规模微结构，该传感装置表现出优越的灵敏度、极低的可检测压力极限（0.6Pa）、快速响应时间（<10ms）和高稳定性，可以监测人体说话时和手腕脉搏跳动时的压力信号，在疾病诊断和语音识别方面有潜在应用。

4.2.1.2 压电式

压电式柔性压力传感器是当受到压力作用时，压力薄膜产生变形而导致内部发生极化现象，薄膜表面因此出现正负电荷并输出电信号。压电系数越高，其材料的能量转换效率就越高，因此可实现高灵敏度。由于它具有高灵敏度和快速响应的特性，压电柔性传感器被广泛用于实时测量动态力学变化。

图 4.8　东京大学研制的电阻式柔性触觉传感器

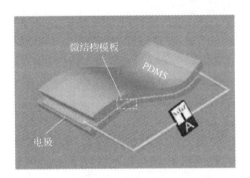

图 4.9　中国科学院苏州纳米所研制的柔性电阻式传感器

所谓的极化现象是指，当介电材料放置在电场中时，其分子间发生微观电荷再分配。在某些材料中，宏观极化不是通过晶体电荷的再分配产生，而是通过机械变形或载荷产生。由于材料的各向异性，极化可以产生在任何方向上，即会产生不同幅值和方向的位移，利用此特性，可以制造出将电荷位移控制在特定方向上的压电材料。这一现象由居里兄弟发现，并将其称为正压电效应。他们在实验中观察到，当压电材料受到机械压力时，晶体中开始产生电极化，随后，拉伸和压缩产生与作用力成正比的反向极性电压。电压与作用力的关系可以表示为：

$$V_S = -g(L/A)F \tag{4.2}$$

式中，g 称为压电电压常数；L 和 A 分别为结构沿着极化方向测量的长度和横截面积。

压电现象存在于天然和合成材料中。主要来说，大多数工程应用中的压电材料都是由人工合成的，如铅锌钛合物、锆钛酸铅、钛酸钡、钛酸锶钡、硫酸锂和聚偏二氟乙烯（PVDF）等。压电材料按结构的比例优化其性能。压电材料应用最广的压电陶瓷是石英和锆钛酸铅化合物（PZT），可以通过调整锆钛酸的比例优化其性能。从而适应特定的场合，如表 4.4 所示为它们的性能。高分子压电材料较为柔软，不易破碎，可以大规模生产和制成较大的面积。以 PVDF 为例，有机压电材料的优点：①质地柔软可拉伸，能够制成结构复杂、大面积柔性传感器；②对应力和应变的变化响应迅速；③具有良好的机械强度、韧性和温湿度稳定性；④压电系数较高，灵敏度较高；⑤与溶液化工艺兼容，能够实现压电电器件的高效、低成本制造。

表 4.4 常用压电材料性能

参数	石英	钛酸钡	锆钛酸铅 PZT-4	锆钛酸铅 PZT-5	锆钛酸铅 PZT-6
压电系数/(pC/N)	$d_{11}=2.31$ $d_{14}=0.73$	$d_{15}=260$ $d_{31}=-78$ $d_{33}=190$	$d_{15}=410$ $d_{31}=-100$ $d_{33}=230$	$d_{15}=670$ $d_{31}=-185$ $d_{33}=600$	$d_{15}=330$ $d_{31}=-90$ $d_{33}=200$
相对介电常数/(ε_r)	4.5	1200	1050	2100	1000
居里点温度/℃	573	115	310	260	300
密度/(×10³ kg/m³)	2.65	5.5	7.45	7.5	7.45
弹性模量/kPa	80	110	83.3	117	123
机械品质因数	$10^5 \sim 10^6$	—	≥500	80	≥800
最大安全应力/(×10⁵Pa)	95~100	81	76	76	93
体积电阻率/(Ω·m)	$>10^{12}$	10^{10}(25℃)	$>10^{10}$	10^{11}(25℃)	—
最高允许温度/℃	550	80	250	250	—
最高允许湿度/%	100	100	100	100	—

浙江大学提出了一种基于 PVDF 薄膜的柔性压电触觉传感器阵列[13]。该阵列由六个触觉单元组成 [如图 4.10(a) 所示]，排列成 3×2 矩阵，相邻单元之间的间距为 8mm。在每个单元中，一个 PVDF 薄膜夹在四个方形上电极和一个方形下电极之间 [如图 4.10(b) 所示]，从凸点顶部传递的三轴接触力将导致 PVDF 产生不同的电荷变化，收集电荷并由此可以计算出力的法向分量和剪切分量。由于该传感器具有良好的可延展性，可以很容易地集成到曲面上，被广泛地应用到机器人和仿真手上用于感测三维力。

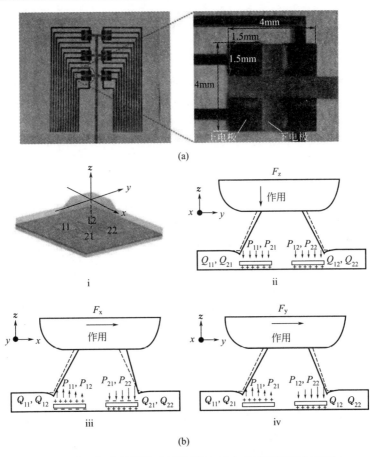

图 4.10　（a）触觉传感器阵列和（b）传感器结构与原理

4.2.1.3　电容式

电容式柔性压力传感器是基于感应材料电容量的变化，将被测力的信息转化为电信号，其工作原理可以用图 4.11 所示的平行板电容器加以说明。

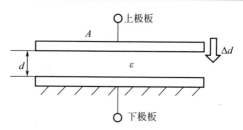

图 4.11　电容式触觉传感器原理

电容器的电容值 C 为：

$$C = \frac{\varepsilon_0 \varepsilon_r A}{d} \qquad (4.3)$$

式中　ε_r——极板间介质的相对介电系数，空气中 $\varepsilon_r = 1$；

ε_0——真空中介电常数，$\varepsilon_0 = 8.85 \times 10^{-13} F/m$；

d——极板间的距离，m；

A——极板间的有效面积，m^2。

当被测量使 d、A 或 ε_r 发生变化时，都会引起电容 C 的变化，若仅改变其中的一个参数，则可以建立起该参数与电容量变化之间的关系。d 的变化用来测量法向力，而 A 的变化通常用来测量剪切力，同时，也可以通过介质材料以不同的深度进入电容器，从而调整两平行极板之间介质材料的比例，但这种方法并不能广泛地适用电容式传感器。电容式传感器的一个主要优点就是其控制方法简单，简化了器件的设计和分析。用于触觉传感的电容式传感器具有高灵敏度、与静态力测量兼容和低功耗的特点。

变间距型的电容传感器被广泛地应用于触觉传感器的设计。在预应变的 PDMS 上旋涂碳纳米管溶液制备可以伸缩的电极层，然后将制备后的电极层与介质层贴合装配成电容式传感器，可以用来感知压力和应变；利用湿敏材料作为电容的介电材料，通过不同湿度环境下的膨胀程度来调节两个电极的距离，从而改变电容，以此来制作湿度传感器。为了使传感器具有更高的灵敏度和超快的响应速度，可以采用具有微结构的介电层。微结构化 PDMS 的制备过程如图 4.12 所示：①PDMS 稀溶液滴注到含有微结构的硅模具中；②PDMS 薄膜经过真空脱模处理形成不完全固化；③将涂有 ITO 涂层的 PET 基板层压到模具上，PDMS 薄膜在压力和70℃温度共同作用下固化3h；④将柔性基板从模具上剥离。斯坦福大学的鲍哲南研究团队采用这种微结构，制作了高灵敏的压力传感器，能够分辨出一只苍蝇停留在上面的压力（图4.13）[14]。

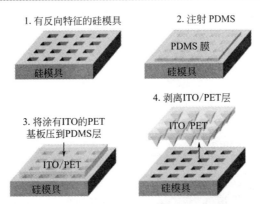

图4.12　微结构化PDMS的制备过程

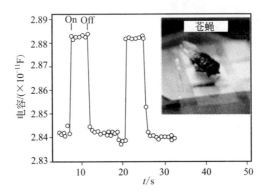

图4.13　高灵敏度压力传感器实验数据

苏州大学刘会聪课题组制作了一种基于变极距电容结构的高灵敏度的压力传感器［图4.14（a）］[15]。设计的柔性触觉传感阵列以PET为基底材料，导电材料为Cu，介电材料为PDMS，其结构如图4.14（b）所示。该传感阵列的结构共分为四层［图4.14（c）］，传感单元上方的凸起层不仅增大了传感器的灵敏度，还起到了保护传感器敏感部分的作用。为了进一步提高传感器的灵敏度，还设计了金字塔形的微结构。搭建触觉反馈电路系统，对传感器输出的电容信号进行传输和处理，向机器人发送控制指令，可以实现机器人的安全避障功能。

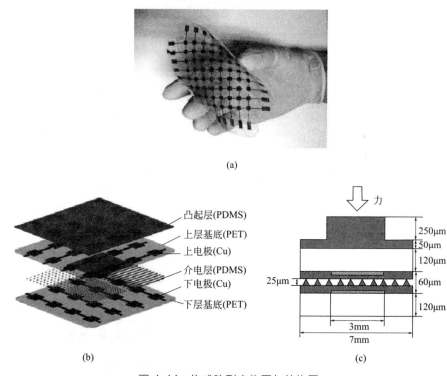

图 4.14　传感阵列实物图与结构图

4.2.1.4　摩擦电式

　　摩擦电式传感器的工作原理是基于摩擦电和静电感应的耦合效应。摩擦起电是指当两种不同材料接触后，由于不同材料束缚电子的能力不同而导致电子的转移，进而导致电子的转移，进而导致两种材料带异种电荷的现象。静电感应是指由于外界电荷的存在导致电荷再分布的现象。摩擦电式传感器利用摩擦起电和静电感应驱使电子在感应极板与外电路间运动，从而形成电信号。

　　图 4.15 定性地描述了摩擦电式触觉传感器在感应外界接触按压时的电荷转移过程。蓝色与黄色分别代表不同的摩擦材料，初始状态下，两种材料间具有一定的空隙。当有外界压力作用在器件上时，两种材料相互接触并发生电子转移，这就是摩擦电效应。当释放形变力的时候，两个极板自动分开，带相反电荷的摩擦材料之间会形成电场。下极板带正电荷，由于该极板接地，所以电子会从接地端流向下极板，从而产生电流，在这个过程中产生的电流将持续直到上下极板之间的距离达到最大且不再改变时，

两极板之间的电势达到静电平衡状态，外电路电流归零。随后当外力再次作用在极板上时，带正电荷的一端的电子将沿原路返回，从而产生另一个方向相反的电流脉冲，直至两种材料重新接触，电流归零。

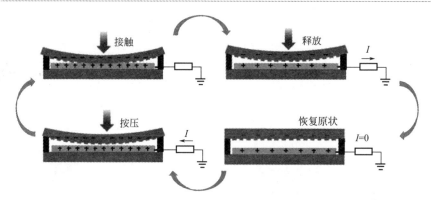

图 4.15　摩擦电式触觉传感器工作原理

　　摩擦电式纳米发电及其作为传感器的应用是一个热门的研究课题。Ding 等人提出了一种掺杂 CNTs 的多孔结构的 PDMS 薄膜［图 4.16(a)］，根据摩擦原理，以该 PDMS 薄膜和 Al 薄膜作为摩擦材料建立了一种自供电的摩擦式触觉传感器［图 4.16(b)］[16]。根据测量结果，加入碳纳米管的多孔摩擦式的传感器的输出电压分别是未掺杂的多孔 PDMS 的7 倍和纯 PDMS 的 16 倍。在一项睡眠监测实验中，该传感器可以成功获取人体的运动信号、呼吸信号和心跳信号，在未来的应用中，可以广泛地应用到医疗领域中。

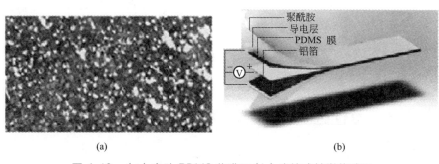

(a)　　　　　　　　　　　　　　(b)

图 4.16　(a)多孔 PDMS 薄膜和(b)摩擦式触觉传感器

　　与电容式传感器相比，摩擦电式传感器具有自供电的优点。苏州大学刘会聪研究组对柔性触觉传感阵列进行了方案优化，设计了一种可以用于大型工业机器人避撞的柔性摩擦电式触觉传感器[17]。其结构如图 4.17(a) 所示，传感阵列从上至下共分为三层，最上层为摩擦层——PET，中间层为摩擦层——Cu，铜箔两侧均匀分布着垫片，其作用是在两种摩擦材料之间产生间隙，以便通过外力改变接触与分离的状态，底层材料也是 PET。为了提高输出信号的电压值，该设计对顶层 PET 层进行了表面处理，应用卷到卷式紫外压印工艺引入了微结构，工艺方法如图 4.17(b) 所示。设计反馈电路系统，在机器人发生故障时，可以实现机电系统的急停，避免发生意外。

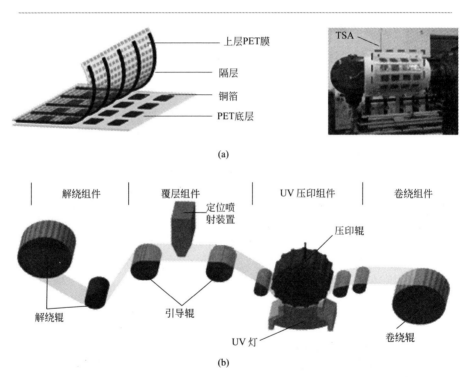

图 4.17   (a)柔性摩擦电式触觉传感器结构图和（b）卷到卷式紫外压印工艺

4.2.2   柔性触觉传感器发展趋势

近年来，新材料、新工艺的出现对柔性电子皮肤的研究有着极大的促进作用，使其在机器人、医疗、军事、娱乐等诸多领域有了广泛的应用。其未来发展的方向将是高灵敏度、高度集成化、智能化和自供能。

①三维力的精确检测。具有高精度、高分辨率、高速响应的触觉传感器可以帮助机器人识别物体，感知外界环境和自身状态，使机器人能

够完成较为复杂和精细的任务。目前对于单维触觉传感技术的研究已经比较成熟，但很多应用场合需要柔性触觉传感器的三维力感知。如机械手握持物体时，既需要感知正向握持压力，又需要感知切向滑移力。不仅如此，还要求机械手能在各种规则和不规则的表面获取测量信息并完成精准抓握操作。因此研究能检测三维力的柔性触觉传感器成为智能机器人触觉传感进一步发展的关键技术。

② 多功能集成。人类皮肤系统可以同时感受多维压力、温度、湿度、表面粗糙度等多种参数，但现有的柔性触觉传感器所具有的功能单一，主要集中在压力检测，少数传感器能够同时测量压力与温度。为了使触觉传感器能够更好地模仿人类皮肤的多功能触觉感知，开发兼具有高弹性、宽量程、高灵敏度、多功能集成的柔性传感系统，使其更加接近甚至超越人类皮肤的性能是今后研究的重要方向。

③ 自供能。当前传感器供电的主要方式还是电力线供电和电池供电。采用电力线供电方式，需要定期进行维护，且不便携带，而电池供电则需定期更换电池。为柔性触觉传感器提供便携、可移动、能持久供电的电源是未来重要研究方向。太阳能电池、超级电容、机械能量收集器、无线天线等都能实现发电，并且能够将电能输送到或存储在柔性电子系统中。未来，如何实现发电技术柔性化，并集成到柔性触觉传感器中，实现触觉传感器的自供电是一个巨大的挑战。

4.3 生理信号传感技术

生理信号传感技术是指将生命体征信号转化为电信号的传感技术，实时监测与评估生物组织器官的生理特性在临床诊断和愈后方面具有重要意义。例如，由于生理病理改变或治疗反应的改变，预期生理特性的时间依赖性变化是临床监测和治疗的重点。本节将主要介绍几种生物信号的感知测量原理及将生理信号传感技术应用到医疗卫生领域所要解决的一些关键技术问题。

4.3.1 柔性温度传感

体温是人体基本的生理指标，体温的变化能够一定程度反映人体健康状况。正常人的体温是相对恒定的，它通过大脑和丘脑下部的体温调节中枢调节和神经体液的作用,使产热和散热保持动态平衡。保持恒定的体温，是保证新陈代谢和人体生命活动正常进行的必要条件。开发能与人体集成的柔性温度传感器可以实时地监测人体温度的变化，对于新生儿和重症患者，可以免去使用温度计重复测量的不便，同时也减轻了医护人员的负担。常用的温度传感器通常采用热敏电阻的方式，其电阻会随着温度的变化而变化。如果电阻值随着温度的升高而增加，则热敏电阻为正温度系数（PTC）热敏电阻；反之，为负温度系数（NTC）热敏电阻。热敏电阻的阻值变化如式(4.4)。

$$R_t = R_0 \exp\beta\left(\frac{1}{T} - \frac{1}{T_0}\right) \tag{4.4}$$

式中　T_0——初始的温度值；

　　　T——所要测量的温度值；

　　　R_t——温度为 T 时的电阻值；

　　　R_0——温度为 T_0 时的电阻值；

　　　β——热敏电阻的材料系数。

对式(4.4)两边同时取对数可以得到 $\ln(R_t)$ 与 $1/T$ 的线性关系式。热敏电阻的温度系数 α 为：

$$\alpha = \frac{1}{R_t}\frac{dR_t}{dT} = -\frac{\beta}{T^2} \tag{4.5}$$

热敏电阻的灵敏度一般由材料系数 β 和温度系数 α 量化，α 表示单位温度变化时电阻变化的百分比，表 4.5 列举了一些新型热敏电阻的性能参数。

表 4.5　新型热敏电阻性能参数

材料	β/K	$\alpha/(\%/K)$
多壁碳纳米管	112.49	-0.15
PETDOT:PSS/碳纳米管	—	-0.61
石墨烯	835.72	-1.12
氧化镍	约 4262.70	约 -5.71

虽然柔性温度传感技术发展迅速，但在准确测量方面仍存在着巨大的挑战，主要有以下几个因素。

①　热敏电阻会表现出对压力的敏感性，从测得的电阻中排除干扰获得实际温度是一项艰难的工作。一种折中的解决方案是将刚性热敏电阻埋入弹性体中，能够使装置不受柔性应变的影响，但这样可能会降低装置的柔韧性。

②　温度传感器要能够广泛地应用于表皮体温的测量，必须与人体皮

肤特性相兼容。皮肤是气体交换的通道，皮肤最外层约 0.25～0.4mm 的细胞几乎都依赖于表皮的呼吸作用进行细胞的新陈代谢，体温传感器的设计与制造必须考虑这一特性，在不影响皮肤功能的前提下进行体温监测。除此之外，防水性也是一个需要考虑的因素，需要保证外部液体和体表汗液无法进入电子部分造成装置短路。

③ 体核温度是指心、肺、腹腔脏器的温度，较之于体表温度，体核温度较高且更为稳定，不易受外界环境的影响。虽然各内脏器官的代谢水平不同，代谢快的器官产热较多，温度也较高；反之则温度较低，但由于血液循环的作用，各器官的温度趋于一致。在临床上，体核温度的使用更加具有参考价值。如何通过不植入人体设备的方法连续、准确地测量体核温度是未来柔性温度传感技术的一个发展方向。

4.3.2　柔性心率传感

心率是指正常人某状态下每分钟心跳的次数。心率是一项重要的人体体征信号，自胚胎时期开始一直到死亡才结束。检测静息心率是否在正常范围内可以有效地降低突发心脏病和猝死的风险。常用的检测方法有电学、光学和压力式传感技术。下面将主要介绍基于电学的测量方法，即通过皮肤电极拾取心肌信号。

心电信号是一项重要的生物电信号，长期以来一直被用作重要的生理、心理指标。与之对应的心电图（ECG）也早已为人所熟知，并且广泛地应用于健康医疗领域，是诊断和分析疾病的重要依据。心电信号是心脏中无数心肌细胞活动的综合反映，心电信号的产生与心肌细胞的除极和复极过程有着紧密的联系，如图 4.18(a) 所示为心肌细胞的除极和复极过程。心肌细胞在静息状态下时，细胞膜外带正电荷，膜内带相同数量的负电荷，这种状态称为极化状态，这种状态下的细胞膜内外的电位差称为静息电位，其值保持恒定。心肌细胞受到刺激后，细胞膜的通透性增强，同时激活膜上的钠载体，使细胞膜外带正电的钠离子进入细胞膜内，膜内的阳离子变多，而膜外的阳离子减少。电流从高电位的膜内流向低电位的膜外，这样的动作电位称为除极状态。由于细胞的新陈代谢，心肌细胞又将通过逆向的复位过程恢复到极化状态。复位过程是通过钾离子的外移实现的，与钠离子不同，钾离子可以任意穿过细胞膜而不需要载体的辅助。图 4.18(b) 所示的是心肌细胞电位变化过程。心肌细胞每次兴奋都会引起细胞膜电位变化，形成动作电位，这些众多心肌细胞的电活动综合叠加就形成了心电图。如果把电极放在体表的任意两处，就能记录到两个电极之间电压差的微弱变化。图 4.18(c) 是典型的心电图波形。

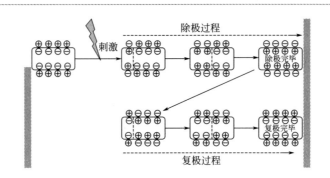

(a) 心肌细胞的除极和复极过程

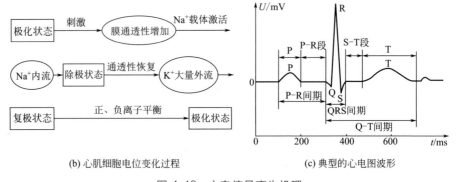

(b) 心肌细胞电位变化过程　　　　(c) 典型的心电图波形

图 4.18　心电信号产生机理

心电传感器主要由四个模块组成，即传感单元、放大电路、通信模块和电源。其结构框架如图 4.19 所示。在生物电信号的测量中，电极是第一重要元素，它将人体内依靠离子传导的生物电信号转化成了测量电路中依靠电子传导的电信号，但转换后的电信号是低频的微弱信号，需要通过放大电路的放大才能进行分析。对于放大电路也是有诸多方面的要求的：①高输入阻抗；②高共模抑制比；③低噪声、低漂移；④设置保护电路。经转换、放大后获得的信号属于模拟信号，而计算机只能处理数字信号。因此需要将模拟信号通过模数转换器（A/D）转换成数字信号，然后通过数据传输装置输入到计算机中进行处理。模数转换器的数据传输装置统称为通信模块。每一个功能模块都需要电源模块来支撑。

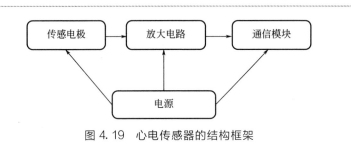

图 4.19　心电传感器的结构框架

如图 4.20(a) 所示，传统测量心电信号的方法是通过微针刺穿角质层，嵌入低阻抗的生发层来完成信号采集的。微针阵列电极的基底通常采用硅等刚性材料，在使用的时候容易与皮肤发生摩擦，造成微针断裂，不仅影响测量结果，还会造成使用者的皮肤损伤。刚性基底的结构设计使得电极不能紧紧地贴合在皮肤表面，一方面会使佩戴者不舒适；另一方面会影响微针插入皮肤的深度，影响测量结果的准确性。如图 4.20(b) 所示，柔性衬底微针阵列改变了原来传统微针阵列干电极的基底材料，用柔性材料代替以前的刚性材料。这样做，一方面使得柔性衬底与皮肤紧密贴合，降低接触带来的欧姆阻抗；另一方面，当外力作用于电极时，该柔性基底可以发生弹性形变，避免微针折断。同时微针的柔性基底能够缓解佩戴者的不适感。

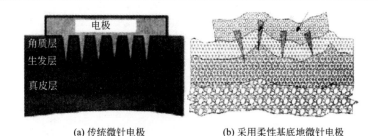

(a) 传统微针电极　　　　　　(b) 采用柔性基底地微针电极

图 4.20　测量电极示意图

碳纳米管具有优秀的导电性质和柔韧性，且作为纳米材料，可以很容易地与高分子混合在一起。如图 4.21 所示，将碳纳米管与柔软的硅胶混合，制备出柔软的、可延展的、具有黏性的生物电信号传感器。

电极完成的是信号采集的工作，对于信号的处理与分析需要通过其他的硬件设备来完成。目前，电极收集到的信号通常通过导线传输到心电图机中生成心电图，这对于长时间连续测量心电信号显然是不可行的。将柔性电路系统与柔性传感电极集成 ［图 4.22(a)］，可以不依靠外部设备实现信号的采集、放大、过滤和转换，然后通过无线传输技术将信号传输到计算机或其他电子设备中进行处理，生成心电图 [图 4.22（b）]。电路系统和电极都具有柔性，可以随着皮肤一起延展，大大降低了装置对正常生活的影响，更适合在日常生活中对心率进行长时间连续监测。柔性化的电极依靠范德瓦尔斯力能紧密贴合在胸膛的皮肤上，可以降低噪声，提高测量信号的稳定性。

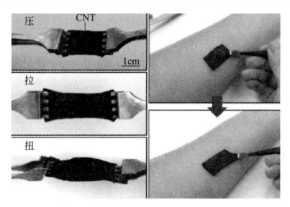

图 4.21　碳纳米材料制成的电位传感器

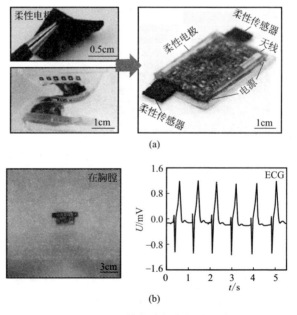

图 4.22　柔性电路与电极的集成

　　另外两种常用的测量心率的方法为光电体积法和动脉血压法。光电体积法追踪可见光在人体中的反射，由光电传感器接收反射光。人体中的骨骼、脂肪、皮肤等对光的反射都是固定值，而毛细血管和动、静脉血管的反射大小会随着脉搏容量的变化而变大变小，所以光电传感器测得的反射值是波动的。这个波动的频率就是脉搏，一般与心率是一致的。动脉血压法指的是将柔性压力传感器置于桡动脉或者颈动脉处测量压力变化，以此得出心率的大小。

4.3.3　柔性血压传感

　　血压指血管内的血液对于单位面积血管壁的侧压力，即压强。通常所说的血压是指动脉血压。当血管扩张时，血压下降；血管收缩时，血压升高。正常的血压是血液循环流动的前提，血压在多种因素调节下保持正常，从而提供各组织和器官以足够的血液，以维持正常的新陈代谢。血压过低或过高（低血压、高血压）都会造成严重后果，血压消失是死亡的前兆，这都说明血压有极其重要的生物学意义。血压的测量方式可分为直接式和间接式两种测量方式。直接式是用压力传感器直接测量压力变化；间接式的工作原理是控制设备向被测部位上施加压力，通过分析施加的压力与产生的脉搏信号的信息来判断血压大小。目前，临床上常采用间接测量的方式来检测血压，所使用的设备称为血压计，由气球、袖带和检压计三部分组成。

　　结合直接式血压测量原理和柔性传感技术，可以开发出更利于日常测量和户外运动的血压信号采集器。柔性血压测量的关键在于高灵敏度和低弛豫时间的压力传感器的研究，常用的方法是在电容式压力传感器的介电层中添加金字塔形的微结构。有研究证明采用微结构的压力传感器的灵敏度远高于不采用微结构的压力传感器的灵敏度，同时弛豫时间可以减少到毫秒（ms）级别以下，增大金字塔间距和侧壁坡度能降低微结构层的有效模量。

　　血压传感在实际应用中需要满足以下几点要求：①必须具有高灵敏度和低的弛豫时间，这是设备进行血压测量的前提和关键；②在受到外界干扰时（如进行运动的时候）仍能够紧密地与皮肤贴合，保证测量结果的准确性和稳定性；③脉搏的压力变化与皮肤表面和外界压力相比属于小压力信号，需要通过放大电路放大后才能进行分析，因此，需要在柔性基底上集成柔性电路系统；④为了减少传感器对正常生活的影响，需要采用无线通信技术以减少接线的使用。图4.23所示的是将柔性压阻传感器与 ECG 电极集成的腕式血压测量柔性传感系统，可以对血压进行精确的测量[18]。

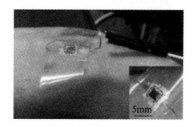

(i) 连接到手腕的 FPS

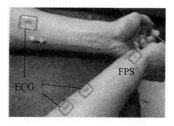

(ii) 包含 FPS，ECG 电极的贴片系统

(a) 脉压信号与 ECG 信号结合测压系统

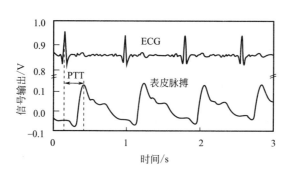

(i) ECG、表皮脉搏信号以及脉搏传导时间(PTT)

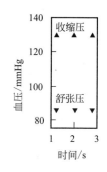

(ii) 对应血压值

(b) 腕式血压监测

图 4.23　腕式血压测量柔性传感系统

4.3.4　生物传感器

生物传感器是一种对生物物质敏感并能将其转换成电信号的装置。生物传感器同时具有接收器和转换器的功能，由识别元件（固定化的生物敏感材料，包括酶、抗体、抗原、微生物、细胞、组织、核酸等生物活性物质）、转换元件（如氧电极、光敏管、场效应管、压电晶体等）和放大装置组成。待测物质经扩散作用进入生物活性材料，经分子识别，发生化学反应，产生的信息被响应的物理或化学换能器转变成可定量和可处理的电信号，再经二次放大输出，便可测得待测物的浓度。其原理如图 4.24 所示。

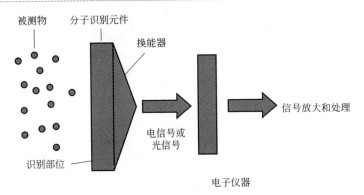

图 4.24　生物传感器原理图

生物传感器有多种分类方式。

（1）按照其感受器中所采用的生命物质分类，可分为：微生物传感器、免疫传感器、组织传感器、细胞传感器、酶传感器、DNA 传感器等。

（2）按照传感器检测的原理分类，可分为：热敏生物传感器、场效应管生物传感器、压电生物传感器、光学生物传感器、声波道生物传感器、酶电极生物传感器、介体生物传感器等。

（3）按照生物敏感物质相互作用的类型分类，可分为亲和型和代谢型两种。

生物传感器响应速度快，稳定性好，分析精度高。其中，酶生物传感器最早出现且精度最高，广泛地应用于医疗保健和疾病诊断领域，可以用来监测人体内的生化指标。加州大学圣迭戈分校的研究团队研制出一种文身式的电化学生物传感器[19]，可以很轻易地黏附在人体皮肤表层，用来监测人在运动时的乳酸水平。清华大学冯雪课题组[20]提出了一种电化学双通道的无创血糖测量方法，利用与皮肤紧密贴合的柔性电子器件，对皮肤施加微弱电场，通过离子导入的方法提高组织液的渗透压，引起组织液和血液渗透和重吸收过程的动态过程重新平衡，驱使血液中的血糖流出血管 [如图 4.25(a) 所示]。然后按照设计好的路径定向地扩散到皮肤表面，然后通过生物传感器进行测量。图 4.25(b) 展示了该血糖传感器与人体集成的照片。该传感器的测量精度高、特异性高、重复误差小，与传统的测量血糖的方法相比，能减轻人体的疼痛。

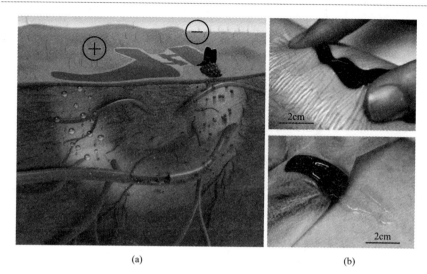

(a)   (b)

图 4.25   无创血糖测量方法的示意图和实验图

4.3.5   关键技术挑战

柔性生理信号传感技术在可穿戴、植入式生物医疗健康领域的实际应用和商业化过程中需要解决诸多技术挑战，张元亭教授提出了可穿戴无扰生物医疗传感系统的"超级智能（Super-Minds）"[21]核心设计思想，即安全性（Security）、不可见性（Unobtrusiveness）、个性化（Personalization）、能效性（Energy-efficiency）、鲁棒性（Robustness）、微型化（Miniaturization）、智能化（Intelligence）、网络化（Networking）数字化（Digitalization）和标准化（Standardization）。

① 微型化与不可见性。随着集成电路和微加工技术的发展，传感器的尺寸大幅度减小，使传感器能够适应要求更高、环境更复杂的应用场合。例如，传统的心率监测需要使用心电图机，监测时间短，不能实现实时连续监测，且装置复杂，使用不方便，而采用柔性传感器制成的可穿戴设备能够进行长效、持续的心率监测。在柔性基底上集成多个传感器模块、信号处理模块和供电单元，能够同时测量多个信号，这些都依赖于微型化技术。不可见性也可称作为无扰性，指设备可以 24h 进行监测而不影响人的正常生活，一般随着感知检测技术的进步而发展。清华大学微纳电子系的任天令[22] 教授团队研发出一种石墨烯电子皮肤（图 4.26），该器件可以与文身相结合，较为美观且不会影响人的正常生

活，还具有极高的灵敏度，贴合至人体皮肤表层，可以测量心率、呼吸等人体信号。

图 4.26　基于石墨烯制作的电子皮肤

②网络化与安全性。为了满足移动医疗的要求，提供高效的服务，可穿戴设备必须进行网络化。网络化首先是指将不同的可穿戴设备互联为一个整体，其次是指将可穿戴设备所获取的数据发送到服务器进行存储和处理。人体的生命体征包括体温、心率、呼吸率和血压，通过传感技术感知检测，将结果存储在处理器中并由医疗机构进行分析，判断健康状况是否正常。安全性是实现网络化过程中必须考虑的问题，对于健康医疗的应用也是如此。当可穿戴设备与网络相结合时，个人数据的流动性增加，这就增加了个人健康数据暴露的风险。对于这种前所未有的新风险，不能一味地逃避、否认网络化时代的来临，要以积极的态度对待。首先是关于数据采集、传输、存储等环节的软硬件安全技术要不断进行提升，从源头上尽可能地堵住漏洞；其次是行业的自律，尤其对于将商业模式设置在大数据商业化基础上的商家而言，需要更多的道德自律；最后则需要借助于法律法规的手段，完善个人数据保护的法律体系，以及数据商业化的法律法规。

③能效与数字化。能效是可穿戴设备的关键指标之一。对于需要长时间连续监测的设备而言，会直接影响它的实用性。提高设备能效的方法主要有三种：改善能量存储技术、采用节能设计和自供电。可穿戴设备采集到模拟信号后，需要将信号转换成数字信号进行存储和处理。由于设备对供电有严格限制，需要在不影响诊断准确率的前提下，降低数据采样频率以优化能源消耗。

④ 标准化与个性化。在可穿戴设备商业化进程中，标准化是一个重要的影响因素，能为设备的服务质量提供保证，为实现不同设备间的互操作提供基础。然而，医疗健康领域的数据种类复杂，而且商家都希望制定有利于自己产品特性的标准，实现可穿戴设备的标准化较为困难。为了解决这一问题，成立了 HL7（Health Level 7）组织，制定了标准化的卫生信息传输协议，汇集了不同厂商用来设计应用软件之间接口的标准格式，允许各个医疗机构在异构系统之间进行数据交互。相较于标准化，可穿戴设备的个性化也十分重要，不仅是设备的个性设计，还要针对不同的用户实现传感器调整、疾病侦测和制定治疗方案，提高服务质量。

⑤ 人工智能与鲁棒性。人工智能在健康信息领域的应用主要有预测和决策。整合设备所得多维信息可以做疾病预测，将这些数据整合起来，通过结合深度学习等人工智能，可以使设备能够自行进行预测并给出合理的治疗方案。鲁棒性是指系统在一定参数摄动下，维持其性能的特性。由于医疗领域的特殊要求，需要设备能够全时间正常运作，在面对震动、高速运动、液体泼溅等复杂情况，设备需要具有高鲁棒性以保证设备不发生故障。

4.4　非硅基柔性传感技术应用举例

柔性传感器结构形式多变，可以根据使用要求任意设计，在一些工作环境特殊复杂、需要进行精确测量的场合具有优势。柔性传感器在近几年获得了较大的发展，但很多的成果都停留在实验室阶段，无法用于大面积的商业化用途。通过结合小型化和智能化，柔性传感器在机器人、医疗健康和虚拟现实领域都有重要的作用。下面是柔性传感器的一些应用举例。

（1）机器人领域的应用

机器人技术是当今发展最为迅速、应用最广泛的高新技术之一。在工业生产中，为了防止工业机器人对人类的安全造成威胁，绝大部分的工业机器人都被安置在坚固的围栏中，把机器与人隔开，且完成的都是单一重复的工作［图 4.27(a)］。随着工业生产工作的日趋复杂，需要人与机器协同工作［图 4.27(b)］。为了确保人机协作过程中能够安全可靠地完成任务，需要使机器人具有感知能力：一方面能实时地采集外界环境信号；另一方面能快速地进行信号处理，实时控制机器人动作。苏州大学刘会聪课题组针对机器人安全避障、人机安全协作的需求，设计了柔性电容式触觉传感器和柔性摩擦电式传感器，并且搭建了信号收集系统和反馈系统，实现了小型机械臂的智能安全避障功能[15,17]，图 4.27（c）所示为传感器与机械臂的集成，图 4.27(d) 是应用该传感系统的避障实验。

(a) 围栏将人与机器人隔离

(b) 工人与机器人共同作业

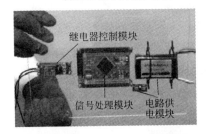

(c) 传感系统与机械臂集成

(d) 避撞实验过程

图 4.27　柔性传感器在机器人领域的应用实例

Chen 等人[23] 设计了一种基于摩擦发电原理的柔性传感器，可以作为人机交互界面应用于交互式的机器人中（图 4.28）。该传感器由两组传感器贴片组成，用于检测手指滑动轨迹，根据产生电压信号的不同生成操作指令，并将其应用于机器人的三维运动控制，实现机器人末端的实时轨迹控制。该传感器结构设计简单，成本较低，在机器人交互控制和电子皮肤等领域有广阔的应用前景。

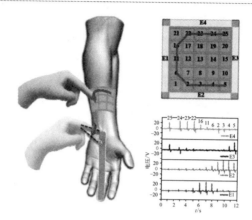

图 4.28　用于机器人交互的传感器

意大利的科学家研制了一款人型机器人，取名 iCub，四肢活动可达 $53°$，具有触觉和协调能力，可以抓东西、玩捉迷藏，甚至会随着音乐跳舞，在它的手臂上安装有特殊的力传感器，用于与外界环境和人的互动（图 4.29）[24]。柔性传感器也可以用于搜救机器人中。在头部安装柔性影像传感器，可以监测灾区内部的情况；安装的触觉传感器可以使它避开障碍物。

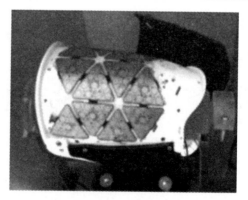

图 4.29　iCub 手臂电子皮肤

（2）医疗健康领域的应用

在医疗健康领域，基于柔性传感技术制作的设备装置的主要任务是在不影响用户正常活动的情况下监测其物理活动和各项生理指标，主要包括脑电信号、心电信号、心率、血压、体温等。图 4.30 详细总结了柔性传感技术在医疗健康领域的应用[25]。

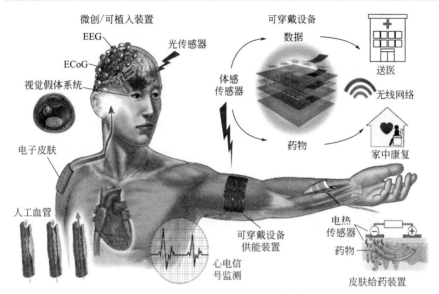

图 4.30　柔性传感器的应用 [25]

　　通过电极阵列采集脑电信号（EEG）和心电信号（ECG），对脑功能及神经系统和心脏功能进行观测，预防诸如癫痫、痴呆、帕金森病和心律失常等疾病。将柔性电子技术应用到光学传感器中，可以制造出视觉假体系统。Ko 等人[26] 首先在平面上建立了二维表面创建光电子系统，然后将这个平面系统转换成半球曲线形状，最后把弹性体转印到玻璃透镜基底上，以此来制作半球形的成像系统。最右边所示的是透皮药物输送装置，首先通过生理传感器感测生命体征信号，然后结合无线电通信技术传输到服务器进行分析，如果检测的体征信号偏离正常值，就会进行一个反馈治疗，即通过皮肤向人体输送药物。

　　Kim 等[27] 利用气球导管研究出一种多功能，仪表化的气球手术工具。图 4.31 所示是膨胀后的气球导管，膨胀后的气球薄膜轻轻挤压心脏膜，在这种配置下，医生可以进行一系列的检查。增加气球的功能可以获得更多所需要的数据信息。图 4.32 是 Kim 等人[28] 提出的表皮集成电子器件原型，集成了多种功能的传感器（温度、应变、电生理）、有源和无源电路、无线供电线圈、无线射频通信器件（高频电感、电容、振荡器、天线），上述器件都固定在弹性薄膜上。将整个器件固定皮肤表面，可以检测人体的信号。

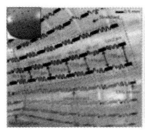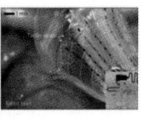

图 4.31 多功能仪表化的气球导管

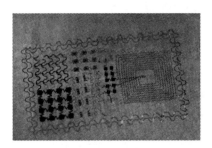

图 4.32 表皮集成电子器件原型

（3）与 VR/AR 相结合

VR 和 AR 是两种不同的概念，VR 着重在虚拟世界中展现真实的元素，而 AR 着重在真实的世界中展现虚拟的元素，但无论是哪种，都体现了与人的交互性。由柔性传感技术与织物手套相结合产生的数据手套（图 4.33）可以充当虚拟手与 VR/AR 系统交互，用户可以通过数据手套在虚拟世界中抓取、移动、操纵、装配和控制各种物体。手指伸屈时的各种姿势会通过传感器转化成数字信号传送给计算机，计算机通过识别程序识别动作，然后执行相应的动作。

Chen 等人[29] 利用摩擦起电原理研制了一种自供电的虚拟现实三维控制传感器（图 4.34），该传感器的对称三维结构可以检测三维空间中的法向力和剪切力，作为交互工具成功地实现了 AR 环境中对物体的姿态控制。该传感器共有 8 个电极，可以检测三维空间中的 6 个矢量信号（沿 x 轴、y 轴、z 轴的移动，绕 x 轴、y 轴、z 轴的转动），通过建立 6 个参数的组合和姿态控制指令之间的关系，可以实现精确的姿态控制。

图 4.33 集成传感器的手套

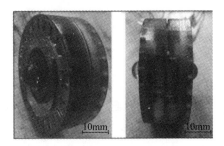

图 4.34 VR-3D-CS

参考文献

[1] Gozen B A, Tabatabai A, et al. High-Density Soft Matter Electronics with Micron Scale Line Width[J]. Adv. Mater., 2014, 26（30）: 5211-5216.

[2] Wissman J, Tong L, Majidi C. Soft-matter electronics with stencil lithography [C]. IEEE Sensors, IEEE, Piscataway, NJ, USA, 2013: 1-4.

[3] Jeong S H, Hjort K, Wu Z. Tape Transfer Printing of a Liquid Metal Alloy for Stretchable RF Electronics [J]. Sensors, 2014, 14（9）: 16311-16321.

[4] Dickey M D, Chiechi R C, Larsen R J, et al. Eutectic gallium-indium （EGaIn）: A liquid metal alloy for the formation of stable structures in microchannels at room temperature[J]. Adv. Funct. Mater., 2008, 18 （7）: 1097-1104.

[5] Kim D, Lee J B. Magnetic-field-induced Liquid Metal Droplet Manipulation [J]. Journal of The Korean Physical Society, 2015, 66（2）: 282-286.

[6] Boley J W, White E L, Kramer R K. Nanoparticles: Mechanically Sintered Gallium-Indium Nanoparticles [J]. Adv. Mater., 2015, 27（14）, 2355-2360.

[7] Lu T, Finkenauer L, Wissman J, Majidi C. Rapid Prototyping for Soft-Matter Electronics [J]. Adv. Funct. Mater. 2014, 24（22）, 3351-3356.

[8] Roh E, Hwang B U, Kim D, et al. Stretchable, transparent, ultrasensitive, and patchable strain sensor for human-machine interfaces comprising a nanohybrid of carbon nanotubes and conductive elastomers[J]. ACS Nano, 2015, 9: 6252-6261.

[9] Choi S, Lee H, et al. Recent Advances in Flexible and Stretchable Bio-Electronic Devices Integrated with Nanomaterials[J]. Adv. Mater., 2016, 22（28）: 4203-4218.

[10] Gong S, Schwalb W, Wang Y, Chen Y, et al. A wearable and highly sensi-

tive pressure sensor with ultrathin gold nanowires [J]. Nature Com., 2014, 5: 3132.

[11] Someya T, Sekitani T, Iba S, et al. A large-area, flexible pressure sensor matrix with organic field-Effect transistors for artificial skin applications[J]. Proceedings of the National Academy of Sciences of the United States of America, 2004, 101 (27): 9966-9970.

[12] Wang X, Gu Y, Xiong Z, Cui Z, et al. ASilk-molded flexible, ultrasensitive, and highly stable electronic skin for monitoring human physiological signals [J]. Adv. Mater., 2014, 9 (26): 1336-1342.

[13] Yu P, Liu W, Gu C, Cheng X, Fu X. Flexible Piezoelectric Tactile Sensor Array for Dynamic Three-Axis Force Measurement[J]. Sensors, 2016, 16 (6): 819.

[14] Hammock M L, Chortos A, Tee B C K, Tok J B H, Bao Z. 25th Anniversary Article: The Evolution of Electronic Skin (E-Skin): A Brief History, Design Considerations, and Recent Progress [J]. Adv. Mater., 2013, 25 (42): 5997-6037.

[15] Ji Z, Zhu H, Liu H, et al. The Design and Characterization of a Flexible Tactile Sensing Array for Robot Skin [J]. Sensors, 2016, 16 (12): 2001.

[16] Lin Z, Yang J, Li X, et al. Large-Scale and Washable Smart Textiles Based on Triboelectric Nanogenerator Arrays for Self-Powered Sleeping Monitoring[J]. Adv. Func. Mater., 2018, 28 (1): 1704112.

[17] Liu H, Ji Z, Xu H, Sun M, et al. Large-Scale and Flexible Self-Powered Triboelectric Tactile Sensing Array for Sensitive Robot Skin [J]. Polymers, 2017, 9 (11): 586.

[18] Luo N, Dai W, Li C, Zhou Z, et al. Flexible Piezoresistive Sensor Patch Enabling Ultralow Power Cuffless Blood Pressure Measurement [J]. Adv. Func. Mater., 2016, 26 (8): 1178-1187.

[19] Jia W, Bandodkar A J, Valdes-Ramirez G, et al. Electrochemical Tattoo Biosensors for Real-Time Noninvasive Lactate Monitoring in Human Perspiration[J]. Anal Chem, 2013, 85 (14): 6553-6560.

[20] Chen Y, Lu S, Zhang S, Li Y, et al. Skin-like biosensor system via electrochemical channels for noninvasive blood glucose monitoring [J]. Sci. Adv., 2017, 3 (12): e1701629.

[21] Zheng Y, Ding X, Poon C C Y, Lo B P L, et al. Unobtrusive sensing and wearable devices for health informatics [J]. IEEE Trans. Biomed. Eng, 2014 61 (5): 1538-1554.

[22] Qiao Y, Wang Y, Tian H, Li M, Jian J, et al. Multilayer Graphene Epidermal Electronic Skin[J]. ACS Nano, 2018, 12 (9): 8839-8846.

[23] Chen T, Shi Q, Zhu M, He T Y Y, Sun L, Yang L, Lee C. Triboelectric Self-Powered Wearable Flexible Patch as 3D Motion Control Interface for Robotic Manipulator [J]. ACS Nano, 2018, 12 (11): 11561-11571.

[24] Maiolino P, Cannata G, Metta G, et al. A flexible and robust large scale capacitive tactile system for robots [J]. IEEE Sensors J., 2013, 13 (10): 3910-3917.

[25] Ko H C, Stoykovich M P, Song J, et al. A hemispherical electronic eye camera based on compressible silicon optoelectronics[J]. Nature, 2008, 454:

748-753.

[26] Jiang H, Sun Y, Rogers J A, Huang Y. Mechanics of precisely controlled thin film buckling on elastomeric substrate [J]. Appl. Phys. Lett. , 2007, 90 (13): 133119.

[27] Kim D H, Lu N, Ghaffari R, et al. Materials for multifunctional balloon catheters with capabilities in cardiac electrophysiological mapping and ablation therapy [J]. Nature Mater. , 2011, 10 (4): 316-323.

[28] Kim D H, Lu N, et al. Epidermal electronics[J]. Science, 2011, 333 (6049): 838-843.

[29] Chen T, Zhao M, Shi Q, Yang Z, Liu H, et al. Novel augmented reality interface using a self-powered triboelectric based virtual reality 3D-control sensor [J]. Nano Energy, 2018, 51: 162-172.

中国制造2025

第5章

自供能微
传感系统

5.1 自供能微传感系统与能量收集技术

5.1.1 自供能微传感系统概述

进入 21 世纪,受益于汽车电子、消费电子、医疗、光通信、工业控制、仪表仪器等市场的高速成长,微传感器系统的应用需求也在快速增长,并不断向着微型化、集成化、智能化和低功耗的方向发展。目前传感器发展存在的最为突出的问题是供电问题。微传感器的供电主要依赖于电力线供电和电池供电两种方式。电力线供电方式成本高,除了布设成本,还有定期维护的成本,并且在移动设备以及无人无源环境应用中无法进行电力线供电。而电池供电需要定期更换,且在许多场合下电池更换难度大,如大规模的无线传感节点。因此,为微传感器寻求一种低成本、易安置、免维护的供电方式显得极为迫切。在上述有源微型传感器发展的基础上,无源自供能微传感器的开发逐渐受到大家的广泛关注。无源自供能微传感器适用于许多不能提供电源、需长期监测、电池不易更换或者易燃易爆等危险场合的应用。此外,在无线传感器网络应用中,由于节点数量多和分布范围大,电池更换问题也难以解决[1]。因此,能够自供能的无源传感器具有广泛的应用前景,也是目前国内外研究的热点。

能量收集技术能够利用传感器工作周围环境中的能量,结合相应的能量管理电路,实现微传感器的自供电。此外,另一类采用压电和摩擦等材料制备的传感器件,可以利用本身的电压输出信号作为传感信号,同样不需要外部电源供电,也受到了研究人员的广泛关注。低功耗大规模集成电路(VLSI)设计的进步,先进电源管理技术的应用可以将微型传感器及低功耗数字信号处理器的功耗控制在 mW 级以下甚至 μW 量级[1]。如此低的功耗使收集周围环境能量为微型传感器及其他电子器件供电(即自供能技术)成为可能。光能、电磁辐射、温度变化(温差能)、人体运动能量、振动能等都是潜在的可利用能量源。本节将对自供能技术及研究现状进行详细介绍,重点介绍振动能量收集技术和风能收集技术。

5.1.2 能量收集技术

能量收集技术是一种利用光伏、热电、压电、电磁等原理,通过能量收集器从外部环境中获取能量并将其转化为电能的技术,它的优越性在于供电时无需消耗任何燃料、可持续和自我维持,正成为解决微传感器供电问题的一种潜在方式[2]。环境中广泛存在着多种形式的能量,如光能、热能、风能、电磁波、人类活动或机器运行产生的振动能等。表 5.1 列举了从这些能源中可获取能量的情况。

表 5.1　从不同能量源可获取的能量比较[3]

能源	能量密度/(mW/cm^2)	补充说明
光　能	15	户外
	0.01	室内
热能	0.15	—
风能	1	—
电磁波	0.001	—
振动能	0.004	人类活动产生——Hz
	0.8	机器产生——hHz

（1）光伏能量收集

太阳能是太阳内部连续不断的核聚变反应所产生的能量,而太阳能收集器主要指光电直接转换器件——光伏电池板。光伏电池板通常由非晶硅制备,其能量收集密度大,最多能将约 17% 的入射太阳能转化为有用电能,能量转换效率高。光伏收集技术是目前科研和商业中应用最为广泛的能量收集方法。Jiang 等将小型光伏电池板与超级电容和锂电池复合单元集成[4],构建了如图 5.1 所示的 Berkeley Telos 模块供电组,可实现根据日晒周期对电源进行自动选择和切换。光伏能量收集面临的主要问题是在夜晚或昏暗的环境下,电池板可能无法正常工作,此时就需要辅助电池或者用于能量存储的超级电容。并且光伏电池板的维护成本高,表面易积灰尘从而导致能量转化效率降低。

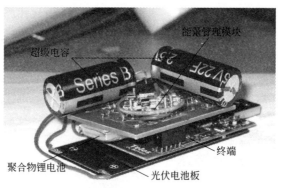

图 5.1　太阳能供电 Berkeley Telos 模块[4]

（2）热电能量收集

环境中存在的热能可以通过温差或热流的方式转换为电能。热电效应是温差与电压相互转换的一种现象，是指受热物体中的电子，随着温度梯度由高温区往低温区移动时产生电流或电荷堆积的一种现象。热电能量收集成功应用的一个案例是日本精工（Seiko）开发的利用皮肤温差驱动的机械腕表（如图5.2），它利用10个热电单元采集人体和环境的微小温度差产生能够驱动机械表运行的微瓦量级能量[5]。影响热电能量收集器输出的关键因素有热电材料种类、温差的大小以及器件面积等。大温差的环境能够保证器件电能的输出，但同时也限制了其应用环境。此外，为了产生较大的温差，通常希望器件拥有大的表面积，而这又不利于器件的微型化。

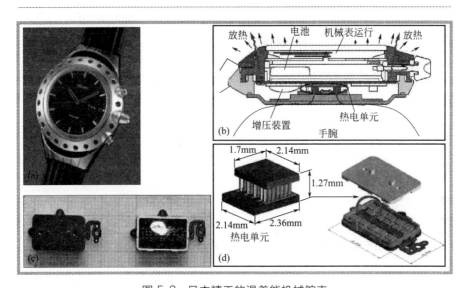

图5.2 日本精工的温差能机械腕表

（3）电磁波能量收集

电磁波是以波动的形式传播的电磁场，具有波粒二象性。电磁波具有能量，电磁波的传播过程也是电磁能量传播的过程。电磁波广泛应用于无线电广播、手机通信、卫星遥感、家用电器、医疗器械等领域。

偶极贴片天线是电磁波能量收集的常用方法，但其能量转换效率很低，很难满足实际应用的需求。为了解决这个问题，科研工作者们尝试采用多频段天线汲取能量。多频段天线的频段数量可不同，具有自适应性与可扩缩性，并且可以动态调节以减少互扰的影响，从而避免了电量在信号发射上的过多浪费，其收集的能量可达毫瓦级别。2015 年，滑铁卢大学的 Thamer 等利用超构表面大幅度提高了电磁波能量收集的效率[6]。如图 5.3 所示，超构表面是通过在材料表面刻蚀周期性精简图案而形成的，这些图案特有的尺寸和彼此相邻的特点可用来调谐，能量吸收率接近 100%。

图 5.3　滑铁卢大学设计的电磁波能量收集器[6]

振动能和风能是自然界中广泛存在的清洁能源，具有无污染、可再生等优势。通过振动能量收集器和风能收集器的设计可以有效地实现机械能向电能的转化，取代电池或移动电源，为低功耗电子产品或无线传感节点进行供电。风能和振动能收集技术是当前研究的热点，本章将会对这两种能量收集技术做重点介绍。

5.2　振动能量收集技术

振动能以不同的形式、强度和频率广泛存在于桥梁、楼宇、船舶、车辆、机械设备、家用电器等各种生产和生活设备中。收集振动能为微传感器、嵌入式系统等低功耗设备供电有着广阔的前景。振动能量收集技术通常是通过压电、电磁、静电、摩擦电等能量转换原理将机械动能转换成电能。本节将对压电式、电磁式、静电式和摩擦电式四种能量转换技术进行详细的介绍，涉及工作原理、材料选择和制备、常用结构等内容。

5.2.1　压电式振动能量收集技术

压电式振动能量收集器利用压电材料的压电效应将振动能转化成电

能，具有结构简单、能量转化效率高等优点，受到了国内外研究者的广泛关注。

（1）压电效应

压电效应是某些晶体材料具备的独特性能，最早在 1880 年由皮埃尔·居里和雅克·居里兄弟在电气石中发现[7]。如图 5.4 所示，某些电介质在沿一定方向上受到外力的作用而变形时，其内部会产生极化现象，同时在它的两个相对表面上出现正负相反的电荷，电势差的大小与所施加的作用力成正比，当外力去掉后，它又会恢复到不带电的状态，这种现象称为正压电效应。当作用力的方向改变时，电荷的极性也随之改变。相反，当在电介质的极化方向上施加电场，这些电介质也会发生变形，电场去掉后，电介质的变形随之消失，这种现象称为逆压电效应。在实际应用中，压电材料通常用于能量收集，将机械能转换成电能，或用于制作压力、加速度等传感器。依据电介质压电效应研制的一类传感器称为压电传感器。压电传感器因其固有的机-电耦合效应使其在工程中得到了广泛的应用。

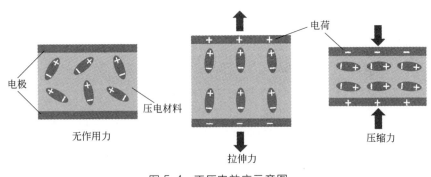

图 5.4 正压电效应示意图

（2）压电材料

压电材料的压电性涉及力学和电学的相互作用，而压电方程就是用于描述力学量与电学量之间关系的表达式。压电方程也被称为本构方程，具体表示如下[8]：

$$\begin{bmatrix} \delta \\ D \end{bmatrix} = \begin{bmatrix} s^E & d^t \\ d & \varepsilon^T \end{bmatrix} \begin{bmatrix} \sigma \\ E \end{bmatrix} \tag{5.1}$$

式中，δ 和 σ 分别代表应变和应力；D 和 E 分别代表电位移和电场强度；s、ε 和 d 分别指弹性柔顺常数、介电常数和压电常数；s^E 表示电场恒定下的弹性柔顺系数；而 ε^T 表示应力恒定时的介电常数；d^t 表示 d 的转置。

目前，压电材料主要分为三大类：无机压电材料、有机压电材料和复合压电材料。无机压电材料又可分为压电晶体和压电陶瓷。压电晶体通常指的是压电单晶体，其晶体空间点阵呈有序生长，晶体结构无对称中心，因此具有压电性。如水晶、锗酸锂、锗酸钛等。这类材料介电常数很低，稳定性好、机械品质因子高，通常被用作滤波器，或高频、高温超声换能器等；压电陶瓷，也泛指压电多晶体，其外形如图 5.5 所示，具体是指用必要成分的原料进行混合、成型、烧结而形成的无规则集合的多晶体，如钛酸钡、锆钛酸铅系（PZT）等。这类材料本身没有压电效应，经过人工极化后，才具有宏观的压电性。压电陶瓷的压电性强、介电常数高，但稳定性较差、机械品质因子低，因此适用于大功率的换能器和宽带滤波器。有机压电材料，也称作压电聚合物。如聚偏氟乙烯（PVDF）薄膜、聚对二甲苯、芳香族聚酰胺等。其中 PVDF 是目前最为常用的一种有机压电材料，其外形如图 5.6所示，其材质柔韧、阻抗低、压电常数高，主要应用于压力传感、超声测量和能量收集中。复合压电材料是指以有机聚合物为基底，在其中嵌入棒状、片状或粉末状压电材料所构成的材料。它兼具了柔韧性和良好的机械加工性能，密度小、声阻抗小，在水声、电声、超声、医学等领域得到了广泛的应用。

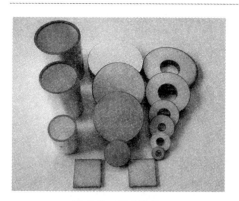

图 5.5　压电陶瓷

图 5.6　PVDF 压电薄膜

压电材料的性能直接影响压电能量收集器的转化效率。表 5.2 列举了一些常见压电材料的性能参数。

表 5.2　常用压电材料的性能参数

材料	GaN	AlN	CdS	ZnO	α-水晶	BaTiO$_3$	PZT-4 (硬PZT)	PZT-5H (软PZT)	PMN-PT	LiNbO$_3$	PVDF
压电性	√	√	√	√	√	√	√	√	√	√	√
热电性	√	√	√	√	×	√	√	√	√	√	√
铁电性	×	×	×	×	×	√	√	√	√	√	√
压电应变常数 ε_{33}^S	11.2 (ref.188)	10.0 (ref.189)	9.53 (ref.190)	8.84 (ref.191)	4.63 (ref.192)	910 (ref.193)	635 (ref.193)	1470 (ref.193)	680 (ref.194)	27.9 (ref.195)	5-13 (ref.196)
压电电压常数 ε_{33}^T	—	11.9 (ref.197)	10.33 (ref.190)	11.0 (ref.191)	4.63 (ref.192)	1200 (ref.193)	1300 (ref.193)	3400 (ref.193)	8200 (ref.194)	28.7 (ref.195)	7.6 (ref.198)
d_{33}/N^{-1}	3.7 (ref.199), 13.2(NW)[51]	5 (ref.199)	10.3 (ref.190)	12.4 (ref.200) 14.3-26.7	$d_{11}=-2.3$ (ref.192)	149 (ref.193)	289 (ref.193)	593 (ref.193)	2820 (ref.194)	6 (ref.195)	−33 (ref.198)
d_{31}/N^{-1}	−1.9 (ref.199) −9.4(NW)[51]	−2 (ref.199)	−5.18 (ref.190)	−5.0 (ref.200)	—	−58 (ref.193)	−123 (ref.193)	−274 (ref.193)	−1330 (ref.194)	−1.0 (ref.195)	21 (ref.198)
d_{15}/N^{-1}	3.1 (ref.201)	3.6 (ref.201)	−13.98 (ref.190)	−8.3 (ref.200)	$d_{14}=0.67$ (ref.192)	242 (ref.193)	495 (ref.193)	741 (ref.193)	146 (ref.194)	69 (ref.202)	−27 (ref.198)

续表

材料	GaN	AlN	CdS	ZnO	α-水晶	BaTiO$_3$	PZT-4 (硬 PZT)	PZT-5H (软 PZT)	PMN-PT	LiNbO$_3$	PVDF
机械品质因子(Q_m)	2800 (ref. 203) (NW)	2490 (ref. 204)	~1000 (ref. 205) (NW)	1770 (ref. 204)	$10^5\sim10^6$ (ref. 202)	400 (ref. 193)	500 (ref. 193)	65 (ref. 193)	43~2050 (ref. 204 and 206)	10^4 (ref. 207)	3~10 (ref. 208)
机电耦合 (k_{33})	—	0.23 (ref. 204)	0.26 (ref. 190)	0.48 (ref. 200)	0.1 (ref. 209)	0.49 (ref. 210)	0.7 (ref. 211)	0.75 (ref. 211)	0.94 (ref. 194)	0.23 (ref. 202)	0.19 (ref. 209)
热电系数 p /μC · m^{-2} · K^{-1}	4.8 (ref. 212)	6~8 (ref. 213)	4 (ref. 161)	9.4 (ref. 161)	—	200 (ref. 161)	260 (ref. 161) ~533 (ref. 157) (PZT)	260 (ref. 161) ~533 (ref. 157) (PZT)	1790 (ref. 214)	83 (ref. 161)	33 (ref. 157)
s_{11}^E /(pPa^{-1})	3.326 (ref. 215)	2.854 (ref. 215)	20.69 (ref. 216)	7.86 (ref. 216)	12.77 (ref. 192)	8.6 (ref. 193)	12.3 (ref. 193)	16.4 (ref. 193)	69.0 (ref. 194)	5.83 (ref. 195)	365 (ref. 198)
s_{33}^E /(pPa^{-1})	2.915 (ref. 215)	2.824 (ref. 215)	16.97 (ref. 216)	6.94 (ref. 216)	9.73 (ref. 192)	9.1 (ref. 193)	15.5 (ref. 193)	20.8 (ref. 193)	119.6 (ref. 194)	5.02 (ref. 195)	472 (ref. 198)

压电材料常用的工作模式有两种：d_{33} 和 d_{31}，如图 5.7 所示。在 d_{33} 模式中，外加应力的方向与电压产生的方向一致，而在 d_{31} 模式中，外加应力方向与电压产生方向垂直。两种模式下，开路电压和电荷输出的公式可分别表示为如下形式：

$$d_{33}\ 模式\begin{cases} V_{33}=\sigma g_{33}L \\ Q_{33}=-\sigma A d_{33} \end{cases} \tag{5.2}$$

$$d_{31}\ 模式\begin{cases} V_{31}=\sigma g_{31}H \\ Q_{31}=-\sigma A d_{31} \end{cases} \tag{5.3}$$

式中，V 和 Q 分别指开路电压和电荷量；σ、g 和 d 分别代表应力、压电电压常数和压电应变常数；L、H 和 A 分别指电极间距、压电层厚度和电极面积。

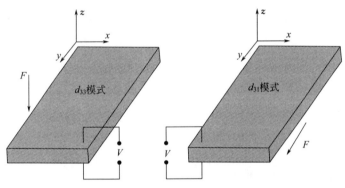

图 5.7　压电材料的两种工作模式

由于机电转换机理的不同，d_{33} 模式的压电材料通常制备成块状结构，而 d_{31} 模式的压电材料设计成悬臂梁结构。与 d_{33} 模式相比，在同样外部激励下，d_{31} 模式下的悬臂梁结构更易产生机械应变。不仅输出性能更好，而且易与电路等其他微系统器件兼容。

（3）压电结构梁模型分析

带质量块的振动悬臂梁结构在压电能量收集器中应用广泛，这种结构通常采用单自由度的弹簧-质量系统进行建模和研究[9]。如图 5.8 所示，质量块质量为 M，弹簧弹性系数为 K，质量块运动过程中会受到机械阻尼 C_m 和电气阻尼 C_e 的影响。该系统拥有唯一的特性，可由阻尼常数 C 和共振频率 ω_n 这两个参数来描述，其中共振频率可以表示为：

$$\omega_n = \sqrt{K/M} \tag{5.4}$$

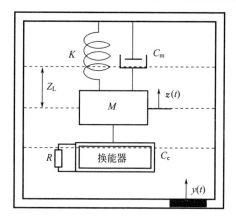

图 5.8　振动能量收集器的等效集总弹簧-质量-阻尼系统模型

当系统受到的外部激励位移为 $y(t)$ 时，质量块与系统基座发生相对位移 $z(t)$，集总弹簧-质量-阻尼系统的运动方程可以描述如下：

$$M\ddot{z}(t)+C\dot{z}(t)+Kz(t)=-M\ddot{y}(t) \tag{5.5}$$

式 (5.5) 也可以由阻尼系数和共振频率表示，式中，阻尼系数 ζ 为无量纲量，包括 ζ_m 和 ζ_e，$(\zeta=\zeta_m+\zeta_e)$，定义如下：

$$\zeta=C/2M\omega_n=C/2\sqrt{MK} \tag{5.6}$$

对于悬臂梁结构，刚度 $K=3Y_cI/L^3$。式中，I 为惯性矩；L 为悬臂梁的长度。矩形横截面的惯性矩 $I=(1/12)bh^3$，其中，b 和 h 分别为悬臂梁的横向宽度和厚度。

相对位移 $z(t)$ 和输入位移 $y(t)$ 的比值可以由零初始条件下的拉普拉斯变换给出：

$$\left|\frac{z(s)}{y(s)}\right|=\frac{s^2}{s^2+2\zeta\omega_ns+\omega_n^2} \tag{5.7}$$

假设外部激励 $y(t)=Y_0\sin(\omega t)$，Y_0 和 ω 分别为振幅和频率，时域响应 $z(t)$ 可以由拉普拉斯反变换给出：

$$z(t)=\frac{Y_0(\omega/\omega_n)^2}{\sqrt{[1-(\omega/\omega_n)^2]^2+(2\zeta\omega/\omega_n)^2}}\sin(\omega t-\phi) \tag{5.8}$$

式中，输出和输入的相位角可以表示为：

$$\phi=\arctan\left(\frac{C\omega}{K-M\omega^2}\right) \tag{5.9}$$

图 5.9 是能量收集系统的能量转换结构框图。在弹簧-质量-阻尼系统中，输入的振动能量 U_{IN} 首先转换成动能 U_K 和弹性势能 U_S。由于机械阻

尼和电气阻尼的存在，部分能量 U_C 将从系统中耗散从而转换成电能 U_E 和损耗能 U_L。每个振动周期的耗散能量 U_C 可由阻尼因子 $C\dot{z}$ 的积分表示：

$$U_C = 2C \int_{-Z_0}^{Z_0} \dot{z}\,\mathrm{d}z \tag{5.10}$$

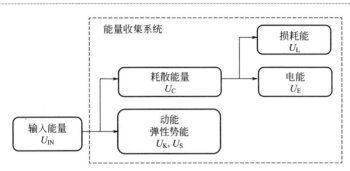

图 5.9　能量收集系统的能量转换结构框图

利用式(5.8)可以计算出 Z_0，从而计算出耗散能量 U_C，与角频率相乘可以进一步求出耗散功率：

$$P = \frac{M\zeta Y_0^2 (\omega/\omega_n)^3 \omega^3}{[1-(\omega/\omega_n)^2]^2 + (2\zeta\omega/\omega_n)^2} \tag{5.11}$$

当外部激励频率与共振频率一致，即（$\omega = \omega_n$）时，可以获得最大的输出功率：

$$P_{\max} = \frac{m Y_0^2 \omega_n^3}{4\zeta} \tag{5.12}$$

可以看出，当能量收集器处于共振状态时，降低系统阻尼、提高共振频率、增大质量和激励幅度可以提高功率输出。理论上，当阻尼为零时，系统可以一直处于共振状态，并产生无穷大的能量。但在实际应用中，这种情况不可能存在，并且减小阻尼系数会导致质量块位移的增加。如图 5.8 所示，质量块的最大位移 Z_L 取决于能量收集器的尺寸和结构，所以阻尼需要足够大以避免质量块位移超过限定的范围。当质量块的位移刚好略小于 Z_L 时，可以获得最优的阻尼系数 ζ_{opt}，从而取得受限制条件下的最优功率输出。

重新整理式(5.8)可以得到受限制条件下的最优阻尼系数 ζ_{opt}[10]：

$$\zeta_{\mathrm{opt}} = \frac{1}{2\omega_c} \sqrt{\omega_c^4 \left(\frac{Y_0}{Z_L}\right)^2 - (1-\omega_c^2)^2} \tag{5.13}$$

式中，ω_c 是激励频率和共振频率的比值。将式（5.13）代入式(5.12)可以算出受限制条件下的最大耗散功率：

$$P_{Cmax} = \frac{MY_0^2 \omega^3}{2\omega_c^2} \left(\frac{Z_L}{Y_0}\right)^2 \sqrt{\omega_c^4 \left(\frac{Y_0}{Z_L}\right)^2 - (1-\omega_c^2)^2} \qquad (5.14)$$

当激励频率与共振频率相匹配，即 $\omega_c = 1$ 时，耗散功率为：

$$P_{Cres} = \frac{1}{2}MY_0\omega_n^3 Z_L \qquad (5.15)$$

(4) 压电式微型振动能量收集器研究现状

为了获取更小的体积和更高的功率密度输出，目前基于悬臂梁结构的压电式微型能量收集器大多采用微加工工艺进行制备，其中氮化铝 AlN 和 PZT 是最为常用的材料。

基于 AlN 的 MEMS 压电能量收集器具有 CMOS 兼容性且拥有好的功率品质因子。IMEC 和 Holst 中心的研发团队提出了一种 AlN 悬臂梁结构的 MEMS 压电式能量收集器[11]。其中，AlN 电容器由 AlN 薄膜、Al 上电极和 Pt 下电极组成，电容器整体位于悬臂梁的上表面，悬臂梁的自由端带有质量块，具体微加工流程如图 5.10(a) 所示，封装图和实物图如图 5.10(b) 所示。通过调整悬臂梁和质量块的尺寸，收集器的共振频率可以控制在 $200 \sim 1200 \mathrm{Hz}$ 之间。当共振频率和加速度分别为 $572\mathrm{Hz}$ 和 $2g$ 时，其最大输出功率为 $60\mu\mathrm{W}$。

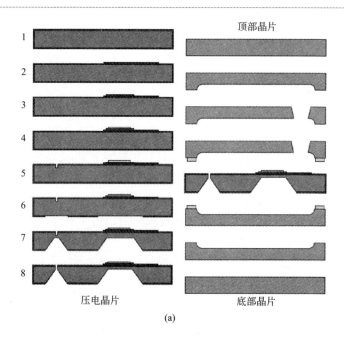

(a)

封装完成的器件

(b)

图 5.10 （a）基于硅晶片的 AlN 悬臂梁制备流程图和（b）封装图和实物图[11]

除了硅晶片，绝缘体上硅晶片（SOI）是另一种常用的微加工材料。SOI 是在顶层硅晶片和背衬底之间引入一层硅氧化层（SiO$_2$）而制成，顶层硅晶片可以通过研磨和抛光工艺达到所需的厚度。Andosca 等采用 SOI 成功制备了 AlN 压电悬臂梁，如图 5.11 所示[12]。悬臂梁和质量块的厚度分别为 13.9μm 和 390μm。在共振频率 58Hz±2Hz，加速度 0.7g 时，最大输出功率为 63μW。

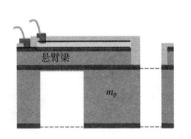

图 5.11 基于 SOI 加工的 AlN 压电悬臂梁[12]

多晶 PZT 是压电能量收集器中另一种常用的材料，具有较高的压电系数。PZT 压电悬臂梁有两种工作模式：d_{31} 模式和 d_{33} 模式。基于 d_{31} 模式的 PZT 悬臂梁通常包括 PZT 层和上下电极层，而基于 d_{33} 模式的 PZT 悬臂梁则制备叉指电极。Fang 等[13] 设计了一种 d_{31} 工作模式的 PZT 压电悬臂梁，如图 5.12 所示。基底是 SiO$_2$/Si，PZT 的上下电极均为 Pt/Ti，悬臂梁的自由端固定连接了 Ni 质量块，用于降低共振频率以适应低频的应用需求。该器件的最大输出功率为 2.16μW，在共振频率 608Hz 和加速度 1g 条件下取得。

为了对比 d_{31} 模式和 d_{33} 模式下 PZT 压电悬臂梁的输出，Lee 等[14] 设计了两种模式的能量收集器模型。工作在 d_{31} 模式下的 PZT 压电悬臂梁如图 5.13(a) 所示，其器件质量块尺寸为 $500\mu m \times 1500\mu m \times 500\mu m$，共振频率 255.9Hz。而工作在 d_{33} 模式下的 PZT 压电悬臂梁如图 5.13(b) 所示，其器件质量块尺寸为 $750\mu m \times 1500\mu m \times 500\mu m$，共振频率为 214Hz，叉指电极的宽度和间隙均为 $30\mu m$。实验结果如图 5.13(c) 所示，当加速度为 $2g$ 时，工作在 d_{31} 模式的压电悬臂虽然输出电压小，但输出功率更高。这是因为工作在 d_{31} 模式的器件电极间的距离更短，因而电容值更小，最优匹配负载也更小。

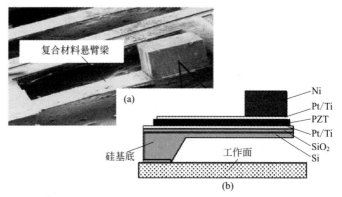

图 5.12　基于 d_{31} 工作模式的 PZT 压电悬臂梁 [13]

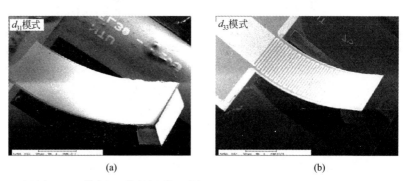

2g加速度下，d_{31} 模式和 d_{33} 模式输出情况对比

压电式	共振频率	最优负载	功率输出	电压输出 （开路）	电压输出 （负载）
d_{31}	255.9 Hz	150 kΩ	2.099 μW	2.415 V	1.587 V
d_{33}	214.0 Hz	510 kΩ	1.288 μW	4.127 V	2.292 V

(c)

图 5.13　（a）工作在 d_{31} 模式的 PZT 压电悬臂；（b）工作在 d_{33} 模式的 PZT 压电悬臂梁和（c）两种 PZT 压电悬臂梁的输出情况对比 [14]

　　表5.3是压电式微能量收集器输出情况的对比分析，主要的参数有加速度、共振频率、有效体积、功率输出和体积功率密度输出。可以看出，压电式微能量收集器虽然体积功率密度输出较大，但由于其体积小，因而输出功率并不理想，很难满足大多数实际应用需求。要想进一步提高其功率输出，一方面可提高压电薄膜的机电耦合系数；另一方面可采用块状PZT键合和减薄工艺来增加压电膜的厚度，从而提高输出性能。从表中也可看出压电式微能量收集器通常拥有较高的共振频率，并需要较大的加速度输入，这不利于其在低频、低加速度的环境中工作。为了解决这一问题，研究者们也提出了一种升频技术[15]，将低频的振动转化成高频共振，从而提升器件的功率输出。

表5.3　压电式微能量收集器的输出对比

对比文献	压电材料	加速度 /g	频率 /Hz	有效体积[1] /mm³	功率 /μW	功率密度 /(μW/cm³)
Yen,et al[16]	溅射成形 AlN，d_{31}	1.0	853	0.821[2]	0.17	207[2]
Elfrink,et al[11]	溅射成形 AlN，d_{31}	2.0	572	10.225[2]	60.0	5868[2]
Fang,et al[13]	溶胶-凝胶 PZT，d_{31}	1.0	608	0.196[2]	2.16	11020[2]
Shen,et al[17]	溶胶-凝胶 PZT，d_{31}	2.0	462.5	0.652	2.15	3272
Shen,et al[18]	溶胶-凝胶 PZT，d_{31}	0.75	183.8	0.769	0.32	416
Lee,et al[14]	雾化喷射成形 PZT，d_{31}	2.0	255.9	0.425[2]	2.10	4941[2]
Lee,et al[14]	雾化喷射成形 PZT，d_{33}	2.0	214	0.612[2]	1.29	2108[2]
Lei,et al[19]	平面印刷 PZT，d_{31}	1.0	235	12.888[2]	14.0	1086[2]
Aktakka,et al[20]	减薄工艺 PZT，d_{31}	1.5	154	17.955[2]	205.0	11417[2]
Tang,et al[21]	减薄工艺 PZT，d_{31}	1.0	514.1	0.401	11.56	28857
Tang,et al[22]	减薄工艺 PMN-PT，d_{33}	1.5	406	0.418	7.18	17182

①有效体积指的是压电悬臂梁和质量块的体积之和。
②根据参考文献的数据得出的估计值。

5.2.2　电磁式振动能量收集技术

　　自从1831年法拉第发现电磁感应现象以来，电磁式发电机一直受到广泛的关注，近几年，微小型的电磁式振动能量收集器更是研究的热点[23-25]。其最小尺寸可以达到几个毫米，最大输出功率可达数十到数百毫瓦，能够基本满足大多数微电子设备的供电需求。

　　（1）电磁感应

　　大多数电磁式振动能量收集器都是基于法拉第电磁感应原理制成。

如图 5.14 所示，当闭环导体线圈中的磁通量发生变化时会产生感应电动势 ε，其大小与磁通量的变化率有关：

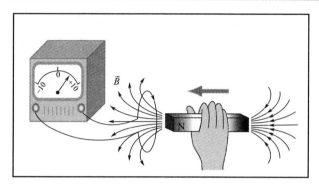

图 5.14 法拉第电磁感应定律

$$\varepsilon = -\frac{\mathrm{d}\Phi}{\mathrm{d}t} \tag{5.16}$$

式中，Φ 代表穿过封闭线圈的磁通量。电磁式能量收集器通常采用永磁铁产生磁场，并设计多匝线圈以提高电压输出，N 匝线圈产生的感应电动势如下：

$$\varepsilon = -\frac{\mathrm{d}\Phi}{\mathrm{d}t} = \sum_{i=1}^{N} \int B\,\mathrm{d}A_i \tag{5.17}$$

式中，Φ 代表 N 匝线圈中总的磁通量，也可用每匝线圈磁通量的总和表示；A_i 代表第 i 匝线圈的内部面积；B 为第 i 匝线圈内的磁场强度。式(5.17) 可进一步表示成：

$$\varepsilon = -\frac{\mathrm{d}\Phi}{\mathrm{d}z}\frac{\mathrm{d}z}{\mathrm{d}t} = k_t \dot{z} \tag{5.18}$$

式中，k 表示磁通梯度，也被称作转换因子。此外，感应电动势也可表示为：

$$\varepsilon = -\sum_{i=1}^{N} \frac{\mathrm{d}B}{\mathrm{d}t}A_i - \sum_{i=1}^{N} B\frac{\mathrm{d}A_i}{\mathrm{d}t} \tag{5.19}$$

由式(5.19) 可以看出，电磁感应现象可以通过固定线圈面积改变磁通量产生，也可通过在恒定磁场中改变线圈面积产生。基于此，可以设计多种不同结构的电磁能量收集器。图 5.15 是两种典型的结构，均为弹簧-质量-阻尼系统。结构 I 利用磁铁的振动改变线圈中的磁通量，其中，磁铁也充当了质量块的作用；而结构 II 则利用线圈结构充当质量块，通过移动线圈以改变磁通量。

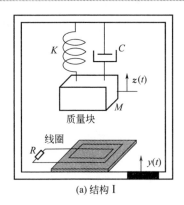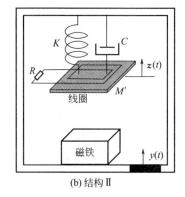

(a) 结构 I　　　　　　　　　　(b) 结构 II

图 5.15　电磁能量收集器的两种典型结构

(2) 线圈和磁铁

感应线圈是电磁式能量收集器的重要组成部分，线圈匝数 N 和电阻 R_C 是影响器件电压和功率输出的重要参数。通常，线圈采用漆包线绕制，其匝数由线圈内外径、厚度和线圈密度共同决定。当线圈的总体尺寸固定时，其直径越细则匝数越多，感应电动势 ε 越大，但同时线圈的内阻也会增加。因此，线圈直径应根据实际情况进行优化选择。图 5.16(a) 是典型的绕制线圈结构，其匝数、长度和电阻可以由式(5.20)～式(5.23) 表示：

$$V_T = \pi(r_o^2 - r_i^2)h \tag{5.20}$$

$$L_W = \frac{fV_T}{\pi\omega_d^2/4} \tag{5.21}$$

$$N = \frac{L_W}{r_i + \dfrac{r_o - r_i}{2}} \tag{5.22}$$

$$R_C = \rho\frac{L_W}{A_W} = \rho\frac{\pi(r_o - r_i)N^2}{f(r_o - r_i)h} \tag{5.23}$$

式中，r_i 和 r_o 分别为线圈的内、外半径；h 为线圈的高度；ω_d 为导线直径；A_W 和 L_W 分别为漆包线导体部分的面积和长度；N 和 V_T 分别为线圈匝数和体积；f 是线圈填充量；ρ 和 R_C 则分别是线圈磁导率和电阻。

除了绕制线圈外，应用于微电磁能量收集器的线圈也可采用微加工工艺进行制备。如图 5.16(b) 所示，这种微型线圈通常以柔性材料、硅或印刷电路板为基底，利用光刻技术形成线圈结构。线圈可采用多层平面堆叠而成，单层线圈的最小尺寸与制备工艺有关，例如，PCB 工艺中线与线的间隔通常在 $150\mu m$ 以上，而采用硅微加工工艺则可以将间距缩小至 $1\sim2\mu m$。绕制线圈和微加工线圈的本质区别在于，绕制线圈采用的是 3D 工艺，而微加工线圈采用 2D 平面工艺。图 5.17 是已有的一些电磁式微振动能量收集器中采用的线圈结构[26-28]。

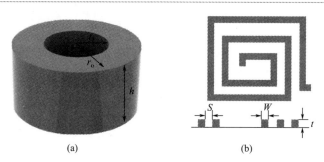

(a) (b)

图 5.16　（a）绕制线圈和（b）微加工线圈

(a) (b)

(c)

图 5.17　不同形状的绕制线圈

除了线圈，永磁铁是微电磁能量收集器的另一个重要组成部件，用于提供磁场。当然，磁场也可由电磁铁提供，但由于电磁铁提供磁场需要外加电流，这需要消耗能量，因此在此处并不适用。永磁铁通常由磁化后保持磁性的铁磁材料制成。其磁感应强度 B 和磁场强度 H 的关系如下：

$$B = \mu_m H \tag{5.24}$$

式中，μ_m 为相对磁导率和空间磁导率的乘积。最大能积 BH_max 是衡量磁性材料优劣的重要参数，能积越大，传递到周围环境的能量就越多。此外，居里温度和矫顽力也是选择磁性材料需要关注的参数。

常用的永磁铁有四类：磁钢、陶瓷磁体、钐钴磁体（SmCo）和钕铁硼磁体（NdFeB）。其中，SmCo 和 NdFeB 是应用最为广泛的两种磁体，因为材料中含有稀土，因此也被称作稀土磁体。这两种永磁体均采用粉末冶金工艺制备，NdFeB 可采用黏结工艺制备成各种形状。NdFeB 磁体的最大能积可达到 $400\mathrm{kJ/m^3}$，但其耐腐性差，居里温度仅为 310℃，因此更适用于低温环境下的振动能量收集。相比之下，SmCo 拥有着更优秀的综合性能，最大能积为 $240\mathrm{kJ/m^3}$，热稳定性好，工作温度高且耐腐蚀，通常被使用于燃烧驱动电机上。

微小型能量收集装置中的磁铁也可采用微加工工艺进行制备，溅射和电镀等淀积工艺已广泛应用，电镀因其成本低廉更受青睐。Jiang 等[29] 采用多层直流磁控溅射技术成功淀积了 $20\mu\mathrm{m}$ 厚的 NdFeB/Ta 磁性薄膜，其晶粒尺寸可通过单层 NdFeB 薄膜厚度进行控制。Zhang 等[30] 则成功制备了集成有磁铁的微型电磁能量收集器，如图 5.18 所示。他们首先在硅片上刻蚀出沟槽，接着覆盖聚对二甲苯层和线圈层，然后在沟槽中填充钕铁硼粉末和蜡粉，并采用剥离工艺去掉残留粉末，最后采用磁化器对微磁铁进行磁化。双层线圈和微磁铁实物见图 5.18(e)。

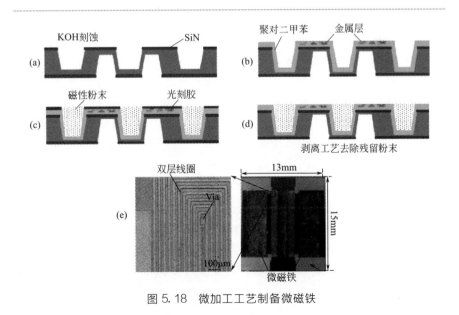

图 5.18　微加工工艺制备微磁铁

（3）电磁式微型振动能量收集器研究现状

电磁式微型振动能量收集器大致可分为三类：旋转式、振动式和非线性式。如图 5.19(a) 所示，旋转式能量收集器在一个转矩的驱动下，使得磁铁和线圈间产生持续的相对旋转运动；如图 5.19(b) 所示，振动式能量收集器则通常工作在共振状态，利用磁铁和线圈间的相对位移来产生电能；如图 5.19(c) 所示，非线性式能量收集器利用特殊的弹簧-质量块结构设计，将线性运动转换成非线性或非共振运动[31]。

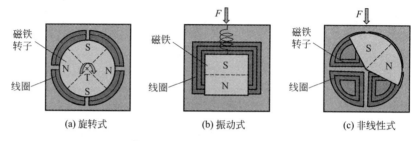

| (a) 旋转式 | (b) 振动式 | (c) 非线性式 |

图 5.19　电磁能量收集器原理

（a）旋转式微型电磁能量收集器

旋转式的能量收集器一般用于连续旋转能量的收集，如流体中的涡轮、热发电机等。帝国理工学院的 Holmes 等[32] 提出了一种轴流式的微型涡轮发电机。该装置定子部分在聚合物中嵌入永磁铁，两侧转子部分电镀了平面线圈，制作工艺结合了硅微加工、电镀和激光刻蚀。实际工作时，转子磁铁在电子绕组中产生变化的磁通量，在 30kr/min 的转速下最大输出功率为 1.1mW。该装置也可与微型轴流涡轮集成产生高功率的能量输出。同时也可充当流量传感器使用。Pan 和 Wu[27] 也提出了类似的结构，采用独特的缠绕方式设计了四层线圈的定子，转子则由 8 块独立的弧形钕铁硼磁铁组成，在 2.2kr/min 的转速下最大输出功率为 0.41mW。

佐治亚理工学院和 MIT 的合作小组也基于微加工和精密装配，设计了一系列的微型旋转式电磁能量收集器[33-35]。图 5.20 是一种三相轴向磁通的同步电机，设计的八级定子以及磁铁转子如图 5.20(b)、（c）所示。该装置在转子中集成了护铁以增加气隙中的磁场强度，可利用现成的气动主轴进行驱动。第一代能量收集器在 120kr/min 的转速下，可以产生 2.5W 的功率，通过整流桥整流后大约为 1.1W。第二代产品则能在 305kr/min 的转速下输出 8W 的直流功率[35]。

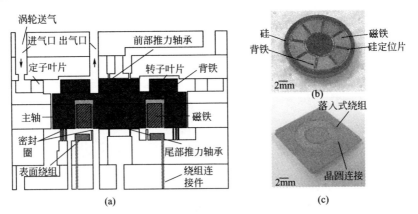

图 5.20　Herrault 等人提出的微型旋转式电磁能量收集器[34]

（b）振动式微型电磁能量收集器

与旋转式能量收集器相比，振动式能量收集器通常结构更为简单，也不需要涡轮等带动结构。整个装置可以看做弹簧-质量-阻尼系统，利用外部的振动激励使磁铁和线圈发生相对运动，其最大输出功率通常在共振状态下取得。共振状态即外部激励的频率与系统的共振频率相同时的振动状态。振动式电磁能量收集器的弹簧结构一般有三类：薄膜结构、悬臂梁结构、平面弹簧结构。

最早的薄膜结构微型振动器件是英国谢菲尔德大学的 Williams 等设计的，如图 5.21 所示。弹簧-质量块部分将 SmCo 磁铁与 GaAs 晶片上的聚酰亚胺圆膜固定连接，平面 Au 线圈则采用剥离工艺集成于晶片的背面，两个晶片利用环氧树脂粘接。该器件的整体尺寸为 5mm×5mm×1mm，能够在频率 4.4kHz，振幅 $0.5\mu m$ 的状态下输出 $0.3\mu W$ 的功率[36]。

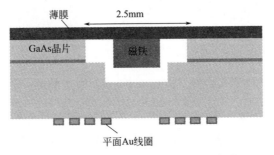

图 5.21　薄膜结构振动能量收集器[36]

南安普顿大学的研发团队设计了基于悬臂梁结构的电磁式振动能量收集器[37,38]。如图 5.22(a) 所示，悬臂梁的一端固定，自由端将一对永磁铁放置于 U 形铁芯中。漆包铜线圈固定于磁铁的两极之间，直径为 0.2mm，共 27 匝。该装置整体体积为 240mm³，最大输出功率约 0.53mW。Glynne-Jones 等人对该结构进行了进一步的改进，采用了四个永磁铁，整体尺寸增加到 840mm³，输出功率也增加到 4mW。之后，Beeby 等人[39] 将该器件的尺寸缩减至 150mm³，由分立磁铁、缠绕线圈和机械零部件组成，线圈固定在四块振动的磁铁中间，如图 5.22(b) 所示。优化后的器件，能够在频率 52Hz，加速度 0.59m/s² 的条件下输出 428mV 的电压，最大功率为 46μW。除了固定线圈，振动磁铁之外，也可将线圈固定于悬臂梁上，让磁铁固定，如图 5.22(c) 所示。Beeby 和 Koukharenko 等人[40,41] 都在这一方面展开尝试。他们在悬臂梁上刻蚀出圆形凹槽，用于放置 600 匝，25μm 厚的线圈，线圈的两侧固定了四个钕铁硼磁铁，如图 5.22(d) 所示。在加速度 0.4g，负载 100Ω 时，该器件最大输出功率为 122nW。

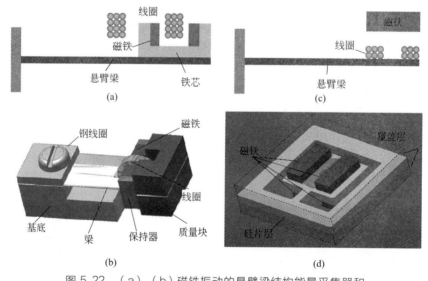

图 5.22 (a),(b)磁铁振动的悬臂梁结构能量采集器和
(c),(d)线圈振动的悬臂梁结构能量采集器[39, 40]

平面弹簧结构是振动能量收集器中另一种常用的弹簧结构，如图 5.23 所示。图 5.23(a)、(b) 是 Jiang 等人[29] 设计的微型电磁式平面振动能量收集器，顶端的弹簧振动子内部嵌入了微型磁铁，采用溅射

沉积和硅成型工艺制成；底端基底上则集成了微线圈，采用光刻、电镀和刻蚀工艺制成。该器件的最大输出电压为 2mV，功率密度 1.2nW/cm^3。将磁铁固定于平面弹簧上，可以充当质量块的作用，但这种结构由于集成装配的问题很难将尺寸缩小。针对这一问题，刘会聪等人[42] 将微线圈集成在弹簧振子中，同时将圆柱形磁铁固定在外壳内侧，如图 5.23(c)、(d) 所示。通过在折叠弹簧上增加负重，可以将器件的共振频率降至 82Hz。

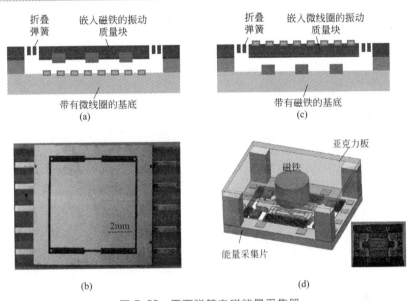

图 5.23 平面弹簧电磁能量采集器
(a)，(b) 磁铁振动[29] 和 (c)，(d) 线圈振动[42]

近几年，市场上也已出现了一些比较成熟的振动式能量收集产品，其中具有代表性的是美国 Ferro Solutions 公司和英国 Perpetuum 公司设计的电磁式能量收集器。表 5.4 列举了一些已有的电磁式振动能量收集器，并进行了输出性能对比。

表 5.4 已有的电磁式振动能量收集器输出对比

对比文献	体积 /cm^3	频率 /Hz	加速度 /g	开路电压 (rms)/V	最大功率 /W	功率密度 /(W/cm^3)
Shearwood, et al[36]	0.025	4400	39	—	3×10^{-7}	1.2×10^{-5}
Williams, et al[45]	1	110	9.7	2.2(峰值)	8.3×10^{-4}	8.3×10^{-4}
Pan, et al[46]	0.45	60	—	0.04(峰值)	1.0×10^{-4}	2.2×10^{-4}

续表

对比文献	体积 /cm³	频率 /Hz	加速度 /g	开路电压 (rms)/V	最大功率 /W	功率密度 /(W/cm³)
El-Hami, et al[37]	0.24	322	10	0.013	5.3×10^{-4}	2.2×10^{-3}
Glynne-Jones, et al[38]	0.84	322	5.4	0.009	3.7×10^{-5}	4.4×10^{-5}
Beeby, et a l[39]	0.06	357	0.43	0.03	2.85×10^{-6}	4.8×10^{-5}
Koukharenko, et al[40]	0.1	1600	0.4	—	1.0×10^{-7}	1.0×10^{-6}
Perpetuum[43]	130	100	1.4	15.6	4.0×10^{-2}	3.1×10^{-4}
Ferro Solutions[44]	75	21	0.1	—	9.3×10^{-3}	1.2×10^{-4}
Kulah, et al[47]	约2.3	1	—	0.006(峰值)	4.0×10^{-6}	1.7×10^{-6}

（c）非线性振动电磁能量收集器

基于共振的电磁能量采集器只有在共振状态下才能取得最大的功率输出，通常带宽较窄。为了获取更宽的带宽，提高能量转换效率，研究者们又研发了基于特殊弹簧-质量块结构的非线性能量采集器，其具体实现方式有偏心转子结构[48]、磁斥力（碰撞）结构[49]和升频结构[47]。图5.24（a）是偏心转子结构的原理图，能够将振动转换成旋转运动。1998年，日本的Seiko设计了一种非线性振动能量采集器用于手表供电[48]，它能够将人体运动产生的振动转换成偏心转子的旋转，并经过齿轮增速机构驱动发电机。Spreemann等人[50]也设计了类似的非线性结构，他们将磁铁固定于转子中，在固定线圈内产生感应电动势。当振动频率在$30 \sim 80 \text{Hz}$之间时，能够输出$0.4 \sim 3 \text{mW}$的电能。

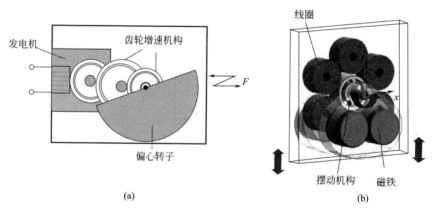

（a）　　　　　　　（b）

图5.24　偏心转子结构的能量采集器原理图（a）和实物图（b）[50]

5.2.3 静电式振动能量收集技术

电磁式能量收集器的尺寸效应比较明显，即随着器件尺寸的减小，输出功率急剧降低。相比之下，静电式振动能量收集器在尺寸效应上具有一定的优势。研究表明，当能量收集器的体积降低为原来的1%，静电式能量收集器的机电耦合系数降幅仅为电磁式能量收集器的1/10，因此静电式能量收集器更适合微型化的发展和应用。除此之外，静电式能量收集器与 MEMS 工艺有着很好的兼容性，且易于与电子器件集成，这有利于器件的大批量生产，降低成本。

(1) 静电效应

静电式能量收集器的工作原理是基于电容效应的，利用外部的激励，使电容极板的间距或相对位置发生改变，从而改变电容值，在外部电路产生电流。简单的电容极板间的电压可由式(5.25)表示：

$$V = \frac{Q}{C} \tag{5.25}$$

式中，Q 为极板所带的电荷量；V 为极板间电压；C 为电容值。电容值 C 又可以用式(5.26)表示：

$$C = \frac{\varepsilon A}{d} \tag{5.26}$$

式中，ε 为极板间的介电常数；A 和 d 分别为极板的相对面积和间距。可以看出，改变相对面积和间距均可改变电容值。其存储电能的变化量如下：

$$\Delta W = \frac{1}{2} V (C_{\max} - C_{\min}) \tag{5.27}$$

式中，ΔW 为存储电能的变化量；$C_{\max}$ 和 $C_{\min}$ 分别为电容的最大值和最小值。如果不考虑损耗，最大输出功率 P 可以表示如下：

$$P = \Delta W f \tag{5.28}$$

式中，f 为振动频率。

根据电容极板运动形式的不同，可以将静电式微振动能量收集器的结构大致分为三类：平面内面积调谐叉指结构、平面内距离调谐叉指结构和平面外平行板电容结构。如图 5.25(a) 所示的平面内面积调谐结构能够取得较高的 Q 值，但大位移下的稳定性较差，且电容变化小；如图 5.25(b) 所示的平面内距离调谐叉指结构通常电容变化大，但极板间存在着吸合的问题；如图 5.25(c) 所示的平面外平行板电容结构具有较好的稳定性，且电容变化大，但工作时机械损耗较大。

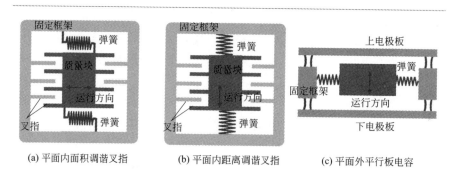

(a) 平面内面积调谐叉指　　　(b) 平面内距离调谐叉指　　　(c) 平面外平行板电容

图 5.25　静电式能量收集器的三种结构

(2) 静电式微型振动能量收集器研究现状

目前，静电式振动能量收集器的实现方式主要有两种，一种是对电容极板施加初始电压、另一种是采用驻极体材料制备电容极板。图 5.26 是 2001 年 MIT 的 Meninger 等人[51] 最早设计的静电式振动能量收集器，能够在 2.5kHz 的振动激励下取得 8μW 的功率输出。该能量收集器采用的是平面内面积调谐叉指结构。

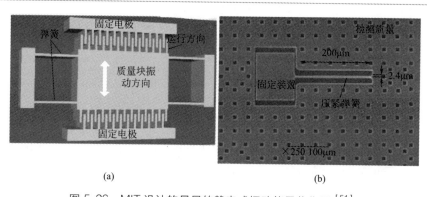

(a)　　　　　　　　　　　(b)

图 5.26　MIT 设计的最早的静电式振动能量收集器[51]

2007 年台湾交通大学的 Chiu 等人[52] 基于绝缘体上硅制备的能量收集器如图 5.27 所示。该能量收集器的叉指电极间的初始间距和最小间距分别为 35μm 和 0.1μm，中间板上放置了用于降低器件的固有频率钢球，以使其与外部振动频率匹配。该器件在输入电压 3.3V 时，能够取得 40V 的输出电压，功率密度为 200μW/cm²。

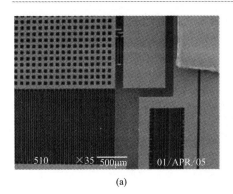

(a)　　　　　　　　　　　　　　　　　(b)

图 5.27　基于绝缘体上硅制备的静电式能量收集器[52]

为了提高器件的输出功率和工作带宽，挪威西富尔德大学的 Nguyen 等人[53] 对非线性弹簧展开了研究，通过理论和仿真得出了结论：弹簧的硬化作用和软化作用均能扩展带宽，但发生软化作用的弹簧能够产生更大的位移，基于此，他们在 2010 年设计了一款采用非线性的静电式振动能量收集器。器件的整体尺寸为 9.5mm×9.5mm×0.3mm，图 5.28 是器件的结构图。测试结果显示，当功率谱密度为 $7.0×10^{-4} Hz^{-1}$ 时，相比同尺寸的线性结构，带宽增大了 13 倍，输出能量增加了 68%。

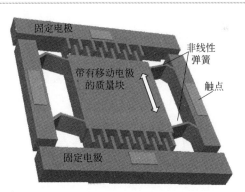

图 5.28　非线性静电式振动能量收集器[53]

环境中的振动具有多方向性和不可预测性。目前，大多数的振动能量收集器只能收集单一振动方向的能量，这限制了其应用范围和能量转化的效率。为了解决这一问题，新加坡国立大学的 Yang 等人[54] 设计了如图 5.29 所示的平面内旋转的静电式能量收集器件。器件的整体尺寸为 7.5mm×7.5mm×0.7mm，并通过仿真优化确定了弹簧采用阶梯形结构。在加速度为 $0.52g$、振动频率 $63\,Hz$ 时，最大输出功率为 $0.39\,\mu W$。

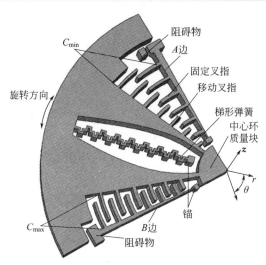

图 5.29　平面内旋转的静电式能量收集器[54]

　　以上提到的静电式振动能量收集器工作时均需使用外接电源，提供极板间的初始电压，这给实际应用带来了不便。近几年，更多的静电式能量收集器摒弃了这种设计，而采用驻极体材料进行器件制备。驻极体是一种自带电荷或偶极矩的绝缘体，能够提供偏置电场。驻极体材料通常分为 SiO_2 类无机物和聚合物类有机物。SiO_2/Si_3N_4 驻极体是静电式能量收集器常用的一种材料，其存储电荷的稳定性较好，且与 CMOS 工艺兼容。图 5.30(a) 是 Naruse 等[55] 采用 SiO_2 驻极体设计的一种大振幅的能量收集器。SiO_2 的表面电荷密度达到 $10\,mC/m^2$。为了提高其存储电荷的稳定性，采用了 SiO_2 和 Si_3N_4 双层结构设计。但是，由于 SiO_2 的厚度受到制作工艺的限制，其表面并不能产生很高的电势。

　　在聚合物类有机物驻极体中，Teflon 和 CYTOP 因为易于加工而最受欢迎。Kashiwagi 等人[56] 在 CYTOP 薄膜的表面制备了包含有机硅氧烷的纳米团簇，用于增强表面的电荷密度以及存储电荷的热稳定性。驻极体厚度为 $15\,\mu m$，表面电势高达 $1.6\,kV$。Parylene HT 是一种新型的驻极体材料，在论文[57] 设计的能量收集器中有所提及。该器件的结构如图 5.30(b) 所示，主要发电部分由 PEEK 转子和电极定子组成，PEEK 转子材料的表面覆盖了一层 $7.32\,\mu m$ 的 Parylene HT，并采用电晕充电法在表面施加电荷。该能量收集器能够在 $20\,Hz$ 的频率下取得 $9.23\,\mu W$ 的输出功率。

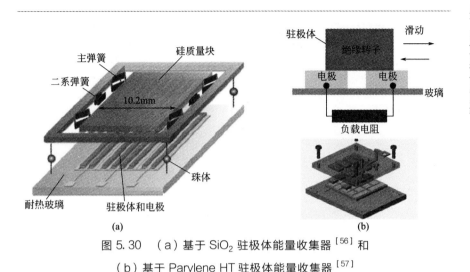

图 5.30　（a）基于 SiO_2 驻极体能量收集器[56] 和

（b）基于 Parylene HT 驻极体能量收集器[57]

5.2.4　摩擦电式振动能量收集技术

（1）摩擦电效应

摩擦生电是生活中普遍存在的一种现象。当两种材料相互接触时，由于得失电子能力的不同，电子会在材料接触面上发生转移[58]。当材料相互分离时，得电子能力强的材料保留电子，失电子的材料则带上正电荷。由于具有摩擦生电效应的材料通常不导电或为绝缘体，所以电荷能够在材料表面长时间保留，这就形成了静电荷。在人类生产生活中，静电荷的存在可能会引起爆炸、导致集成电路的损坏，通常是被消除的对象，然而科学家们却利用这种现象发明了摩擦发电机。早期的摩擦发电机是著名的 Wimshurst 发电机，发明于 1880 年，其实物图和原理图如图 5.31 所示，其主要结构有绝缘转盘、两个金属刷子、两个金属球体以及金属扇形区域。金属触头用于收集转盘表面的电荷，当两极积累的电荷量达到一定值就会形成高压击穿空气并产生电流，从而产生电能。

与其他几类振动能量收集器不同，摩擦式振动能量收集器能够在低至几赫兹的振动环境下高效的工作，特别适合收集像人类活动、波浪等低频振动的能量。摩擦式能量收集器能够产生数十至几百伏的高电压输出，但是由于其内阻较大（兆欧级），因此输出功率并不高。想要进一步提高电压输出的方法通常有三种：①选择输出性能更好的摩擦材料；②在材料表面制备微结构；③在材料内部注射电荷。

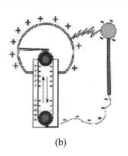

(a)　　　　　　　　　　　　(b)

图 5.31　（a）Wimshurst 发电机实物图和（b）Wimshurst 发电机原理图

　　摩擦式能量收集器之所以能够发电就是利用材料间得失电子能力的差异产生电荷分离，从而获得电势差[58]。得失电子能力相差越大，两者相互摩擦时产生的电荷也越多，因此提高摩擦式能量收集器输出的有效方式就是选择性能更优的材料。当然材料的选择也要考虑成本、制备难度、应用场合等。例如应用于人体能量收集的器件可以选择柔性的 PDMS 材料作为摩擦层[70]。

　　通常摩擦材料表面都制备有微结构，金字塔形、圆柱形、凸台形等。微结构能增加材料表面粗糙度，并增强电荷的转移，从而提升器件的输出性能。金字塔结构是 PDMS 薄膜上常用的微结构，其制备过程如图 5.32 所示。

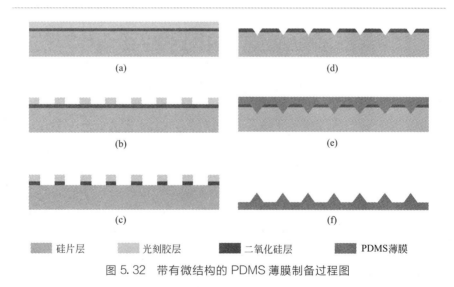

图 5.32　带有微结构的 PDMS 薄膜制备过程图

（2）摩擦电式振动能量收集器研究现状

2012 年至今，美国佐治亚理工学院和中科院纳米能源研究所的王中林教授团队致力于摩擦式纳米发电机（TENG）的理论和模型研究，利用摩擦生电和静电感应的耦合作用，将机械能转化成电能，并成功应用于人体运动[59]、机械振动[60]、风能[61]、波浪能[62] 的收集。摩擦式纳米发电机具有结构简单、制备材料种类多、成本低廉、集成度高等众多优点，除了可以收集环境中的能量，也可作为自供电传感器进行应用[59-76]。目前摩擦式纳米发电机按结构的不同可以分为四类：垂直接触-分离式、滑动式、单电极式和非接触式，如图 5.33 所示。

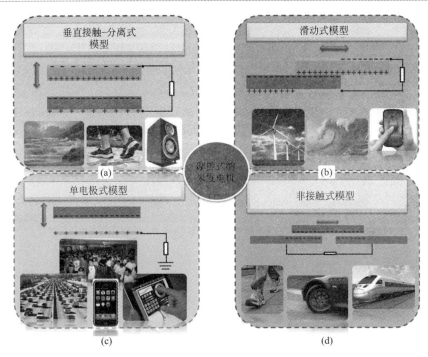

图 5.33　四种常见结构的摩擦式纳米发电机

垂直接触-分离结构[63] 是振动能量收集中最常用的结构，摩擦材料可选用两种聚合物薄膜也可采用金属和聚合物薄膜，其基本工作原理和电荷转移方式如图 5.34 所示，以摩擦材料 Al 和 PDMS 为例，其中 Al 失电子，PDMS 聚合物得电子，Al 也充当电极作用。

当摩擦层 1 和摩擦层 2 在外力或外界振动驱动下发生相互接触时，根据摩擦生电原理，正负电荷会分别聚集在摩擦层 2 和摩擦层 1 的表面，并停留一段时间，但此时不会有电势差产生，因为正负电荷差不多聚集在一个平面上；当两种材料相互分离时，电势差 U 就产生了，可以根据式(5.29)计算出其数值：

$$U = -\frac{\sigma d}{\varepsilon_0} \qquad (5.29)$$

式中，U 为电势差；σ 为材料表面电荷密度；ε_0 为真空介电常数；d 为材料间的间距。

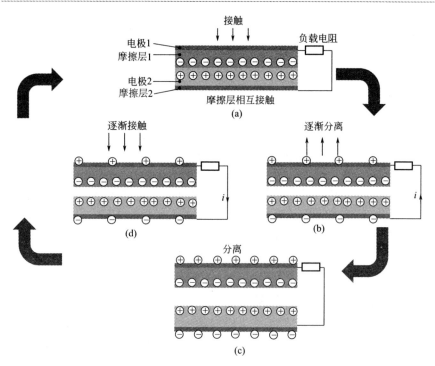

图 5.34　垂直接触-分离结构 TENG 电荷转移图

如果将两个电极短接，在电势差的驱动下，电子从电极 1 流向电极 2，产生电流，使得电极 1 带上正电荷，电极上正电荷逐渐增大直到距离 d 达到最大。当距离再次减小时，摩擦层 1 逐渐向表面带正电荷的摩擦层 2 靠近时，由于静电感应电子从电极层 2 上流向电极层 1；最后当两者完全接触时，外电路没有电子流动，电荷再次像初始状态一样分布，因此，随着摩擦层间的相互接触-分离，在外电路会产生交变电流。

Niu 等人[64] 基于平行板电容理论对该结构进行了如图 5.35 所示的数学建模，理论的开路电压和短路电流可以表示如下：

$$V_{oc} = \frac{\sigma x(t)}{\varepsilon_0} \qquad (5.30)$$

$$I_{sc} = \frac{S\sigma d_0 v(t)}{[d_0 + x(t)]^2} \qquad (5.31)$$

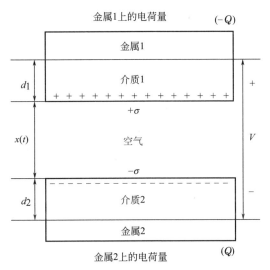

图 5.35 垂直接触-分离结构 TENG 参数模型[64]

式中，V_{oc} 是开路电压；σ 是表面电荷密度；$x(t)$ 是摩擦层间的相对距离；ε_0 是空气介电常数；I_{sc} 是短路电流；S 是摩擦表面积；$v(t)$ 是摩擦层间的相对速度；d_0 则是有效厚度，定义为：

$$d_0 = \frac{d_1}{\varepsilon_{r1}} + \frac{d_2}{\varepsilon_{r2}} \qquad (5.32)$$

式中，d_1 和 d_2 分别是摩擦层 1 和摩擦层 2 的厚度；ε_{r1} 和 ε_{r2} 是对应的相对介电常数。

滑动摩擦式纳米摩擦发电机的工作原理[65] 如图 5.36 所示。当摩擦层 1 和摩擦层 2 相互接触，表面分别带有负电荷和正电荷；当两个接触面左右分离时，摩擦电荷会产生一个从右往左的电场，而电极 2 拥有更高的电势。在电势差的驱动下，电子将从电极 1 流向电极 2；当摩擦层在外部作用力下重新重合时，由于电势差的减小，电子将重新由电极 2 流向电极 1，由此往复循环，产生交流电输出。

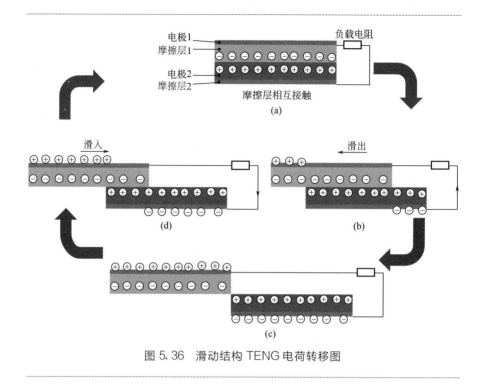

图 5.36　滑动结构 TENG 电荷转移图

Niu 等人[66] 同样对该结构进行了建模分析，得出的开路电压和短路电流表达式如下：

$$V_{oc} = \frac{\sigma x}{\varepsilon_0 (l-x)} \left(\frac{d_1}{\varepsilon_{r1}} + \frac{d_2}{\varepsilon_{r2}} \right) \tag{5.33}$$

$$I_{sc} = \sigma w v(t) \tag{5.34}$$

式中，V_{oc} 是开路电压；σ 是表面电荷密度；x 是摩擦层间的相对距离；l 是摩擦层位移方向的长度；ε_0 是空气介电常数；d_1 和 d_2 分别是摩擦层 1 和摩擦层 2 的厚度；ε_{r1} 和 ε_{r2} 是对应的相对介电常数；I_{sc} 是短路电流；$v(t)$ 是摩擦层间的相对速度；w 是摩擦层垂直于运动方向的横向宽度。

垂直接触-分离式和滑动式结构的摩擦收集器都需要两个电极，这限制了其应用范围，如图 5.37 所示的单电极结构很好地克服了这一问题，发电形式也更为实用和灵活[67,68]。如图 5.38 所示的非接触式的摩擦能量收集器则降低了材料的摩擦损耗，提高了输出的稳定性，适用于收集人体行走、汽车或磁悬浮列车的振动能和运动能量[69]。

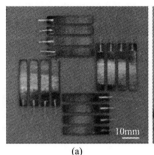

(a)　　　　　　　　　　(b)

图 5.37　单电极摩擦能量收集器[67, 68]

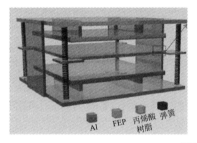

图 5.38　非接触式摩擦能量收集器[69]

　　摩擦式能量收集器在工作过程中，静电荷分布在摩擦材料的表面。当电荷积累到一定值之后，将达到稳定状态，不再继续增加。这种电荷饱和的现象会限制摩擦层上电荷密度的进一步提高，而电荷注射的方法可以突破这一限制，进一步增加摩擦层上的电荷量，从而提高器件输出。

　　Wang 等人[76] 在 FEP 薄膜的表面注射了负离子，注射模型如图 5.39(a) 所示，将表面负电荷的密度从 $50\mu C/m^2$ 提升到 $260\mu C/m^2$。输出的开路电压从原来的 200V 增加至近 1000V，如图 5.39(b) 所示。

　　北京大学的张海霞课题组基于 PDMS 材料制备了如图 5.40 所示 r 型摩擦压电复合式能量收集器[71]。摩擦材料分别为 Al 和 PDMS，在 5Hz 的给定压力下最大输出电压 V_{pp} 达到 400V，体积功率密度为 $2.04mW/cm^3$，能够在 120s 内将 $1\mu F$ 的电容充至 13V。Sihong 等人[72] 同样采用 Al 和 PDMS 制备了双弧形的摩擦能量收集器，并分析了振动频率对输出性能的影响。该器件在 10Hz 的工作条件下可输出 230V 电压和 $1301\mu A$ 电流，并在 5.2h 内给手机充入了 $10.4\mu A \cdot h$ 的电量。

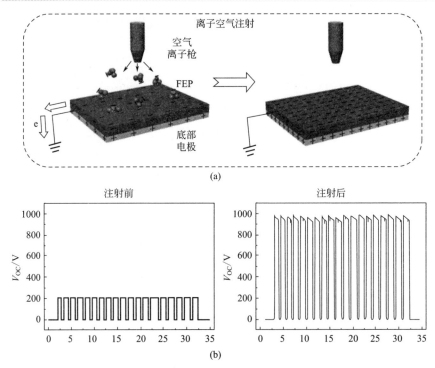

图 5.39　（a）FEP 表面电荷注射和（b）电荷注射前后器件电压输出对比[76]

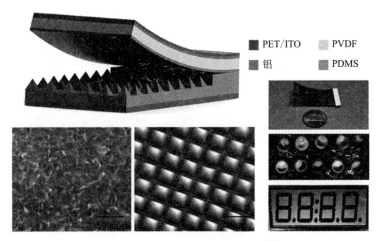

图 5.40　r 型复合式能量收集器[71]

新加坡国立大学的 Dhakar 等人[74] 设计了如图 5.41 所示的一种悬臂梁结构的宽频摩擦式能量收集器。底部摩擦材料制备有柱形的微结构，文章对不同尺寸的微结构进行了对比分析，并总结了微结构尺寸对输出性能的影响。此外，该器件利用碰撞结构将工作频带扩宽了 284%。

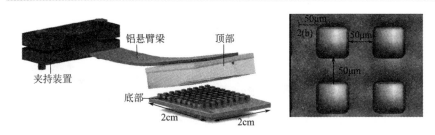

图 5.41 悬臂梁结构宽频摩擦式能量收集器[74]

Guo 等人[73] 利用 FEP 和铜合金摩擦材料制备了如图 5.42 所示的旋转式摩擦能量收集器，用于收集水流运动的能量。当转子摩擦材料铜合金与定子摩擦层发生相对旋转时，底部的铜合金电极将产生电压输出。在转速为 600r/min 时，输出电压峰值 V_{pp} 为 500V。同时，该器件中还集成了电磁发电模块，用于进一步提升整体的功率输出。

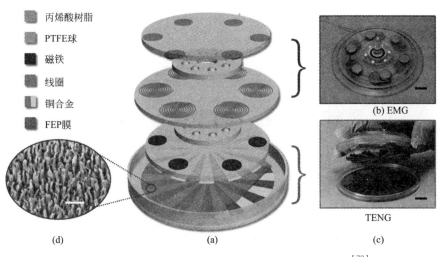

图 5.42 基于 FEP 和铜合金的旋转式摩擦能量收集器[73]

受硅片尺寸的限制，通常基于硅基底制备的摩擦材料尺寸较小，不能用于大尺寸器件的制备，为了解决这一问题，Dhakar 等人[75] 采用了一种"roll-to-roll"紫外线压印工艺制备了大尺寸的带有微结构的 PET 薄膜，如图 5.43 所示。制成的摩擦能量收集器具有低成本，可大面积使用的特点。

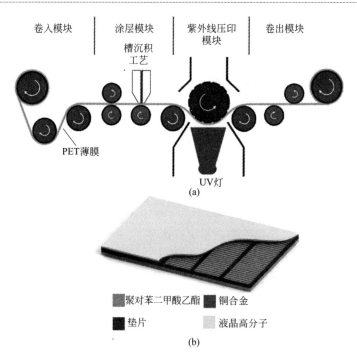

图 5.43 （a）"roll-to-roll"紫外线压印工艺流程和（b）大尺寸摩擦能量收集器[75]

5.3 风能收集技术

　　风能是可再生的清洁能源，储量大、分布广，但它的能量密度低，并且不稳定。自 20 世纪 70 年代，人们开始重视风能的开发利用，并取得了长足的进步。研究表明，风功率与风速的关系如下：

$$P = 0.6Sv^3 \tag{5.35}$$

　　式中，P 为风功率；S 为与风向垂直的面积；v 为风速。风能收集器按工作方式可分为旋转式和振动式两大类。旋转结构是风能收集器中更为常见的一种结构，像目前已投入使用的大型风力发电机大多采用旋转结构。旋转式风能收集器通常由风轮、齿轮增速箱、电磁发电机、控制柜等组成，输出功率可达千瓦甚至兆瓦级别。但其体积庞大，结构复杂且造价高，并不适合给一些功耗低的电子器件进行点对点的供电。对大型风力发电机的微型化同样面临着结构加工和安装困难，工作效率低等问题。相比而言，振动式的风能收集器结构更为简单，但如何提高其功率输出是一个难点。微型振动式风能收集器根据结构和机理的不同可细分为：颤振式风能收集器、涡激动式风能收集器和共振腔式风能收集器。本节将对微型旋转式风能收集器及几种不同振动机理的微型风能收集器进行介绍。

5.3.1 旋转式风能收集技术

微型旋转式风能收集器通常是先将风能转化成旋转的机械能，再通过电磁、压电、摩擦等能量转换方式将机械能转换成电能。图 5.44 是得克萨斯大学阿灵顿分校的 Priya[77] 设计的一种基于压电悬臂梁的旋转式风能收集器。该装置由风车、中心凸轮以及 12 片压电悬臂梁构成，压电悬臂梁尾端固定在圆环上。在风的驱动下，风车会带动凸轮一起转动，凸轮拨动与之咬合的压电片，使其发生形变从而产生输出电压。在风速 4.5m/s、负载 6.7kΩ 时，输出功率为 7.5mW。同时，通过调节压电悬臂梁的个数，可以很好地控制装置的功率输出。该装置为野外的无线传感节点和通信设备的供电问题提供了可行的解决方案。但是其缺点在于体积大、结构相对复杂。

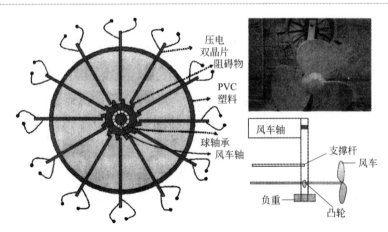

图 5.44　基于压电悬臂梁的旋转式风能收集器[77]

同样是基于压电原理，密歇根大学的 Karami 等[78] 利用永磁铁的相互排斥效应将涡轮的旋转转化成压电片的振动，设计了如图 5.45 所示的压电旋转式微型风能收集器。收集器的整体尺寸为 8cm×8cm×17.5cm，PZT 压电悬臂梁的顶端和涡轮底部分别安装了永磁铁。风速 10m/s、负载 247kΩ 时，单个 PZT 压电悬臂梁功率输出为 4mW。

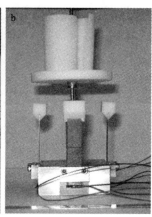

图 5.45　压电旋转式微型风能收集器[78]

英国帝国理工学院的 Bansal 等[79] 结合了快速成型、传统机械加工和柔性电路印刷技术制造了如图 5.46 所示电磁旋转式风能收集器。风轮叶片的直径仅为 2cm，转动机构与永磁铁集成作为转子，4 层固定线圈采用柔性电路印刷技术制成。在 10m/s 的风速条件下的最大输出功率为 4.3mW。该装置有着较高的功率密度，但其制作工艺复杂、精度要求高，并且采用宝石作为原料，因而制作成本高。

图 5.46　电磁旋转式风能收集器[79]

近几年，摩擦能量收集器凭借其结构简单、成本低、能量转化效率高的优势，成了研究的热点。其基本原理是基于摩擦生电和静电感应的耦合效应。Xie 等人[80] 基于该原理研制了如图 5.47 所示的摩擦旋转式风能收集器。该装置的蜗杆顶部连接着风轮，下端连接着摩擦材料 PTFE 和电极。旋转时，摩擦材料 PTFE 与 Al 发生碰撞-分离运动，从而在电极间产生电荷转移。PTFE 的表面制备有纳米线，用于提高摩擦材料的电压输出性能。在风速 15m/s 的条件下，装置的最大功率密度输出可达 $39W/m^2$，能够同时点亮数百个 LED 灯。

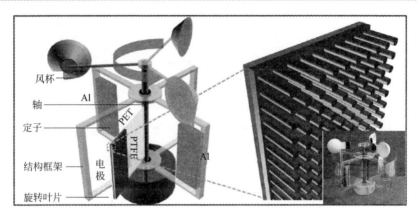

图 5.47　摩擦旋转式风能收集器

5.3.2　颤振式风能收集技术

颤振弹性结构在均匀气流中受到力的耦合作用而发生大幅度自激振动现象[81]。当作用在结构体上瞬时气体压力与结构的位移存在相位差时，结构体将从气体中吸取能量并扩大振幅。当风速较低时，结构体吸收的能量会被阻尼消耗掉，因而不发生颤振。只有当风速超过某一临界值时，颤振现象才会发生。但如果风速过大，这种振动就会开始发散。颤振容易导致结构体的破坏，因而在飞行器、桥梁、高层建筑的建设过程中都要避免颤振现象的发生。但研究者们却利用这种现象，通过巧妙的结构设计将风能转化成电能。

香港中文大学的 Fei 等[82] 特制了一种长度 1.2m 的风带，使其在风中发生颤振，带动磁铁上下振动，从而在固定线圈中产生感应电流，具体结构如图 5.48 所示。通过对磁铁质量、风带刚度等参数的优化，该装置在 3.1m/s 的风速下可取得大约 7mW 的功率输出。但其体积过大，难以推广应用。

图 5.48　风带颤振式风能收集器[82]

　　美国 Humdinger Wind Energy 公司研制的微型颤振式风能收集器[83]，将体积缩至厘米级别（13cm×3cm×2.5cm）。如图 5.49 所示，柔性膜两端固定，磁铁固定在柔性膜的一端，两侧分布着线圈。当风以一定角度水平吹向柔性膜时，柔性膜将在垂直方向上发生颤振，并带动磁铁和线圈发生相对运动，从而产生感应电动势。

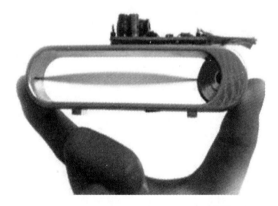

图 5.49　微型颤振式风能收集器[83]

　　基于颤振现象，美国威斯康星大学的 Sun 等[84] 提出了基于 PVDF 压电材料的颤振结构，如图 5.50(a) 所示，它利用人体呼吸产生的微小气流使 PVDF 薄膜发生振动，从而产生电能输出。图 5.50(b) 显示的是随风速和 PVDF 厚度变化，装置功率变化的示意图。由于 PVDF 薄膜的尺寸小、振幅小，通过人体正常呼吸所收集的功率仅有纳瓦级别。尽管如此，利用电容对其能量进行存储，同样可以在 2～4m/s 的风速下获得 8μJ～1.8mJ 的能量，足够驱动数字秒表等微型的电子设备。

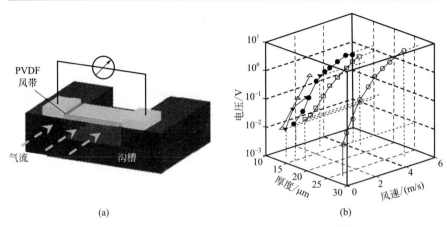

(a)   (b)

图 5.50　收集人体呼吸产生能量的风能收集器[84]

意大利的 Taghavi 等[85] 采用新型的摩擦发电技术来收集风能。如图 5.51 所示，该装置主要由聚酰亚胺摩擦层和两个铜电极层组成，摩擦层颤振时与电极层产生周期性的接触-分离运动，使得电荷在两个电极间发生转移，从而产生电能。

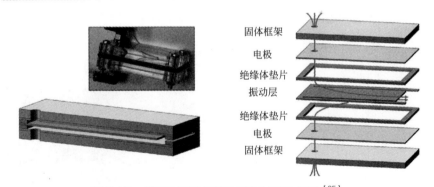

图 5.51　基于摩擦电原理的颤振风能收集器[85]

5.3.3　涡激振动式风能收集技术

卡门涡街是流体力学中的一种现象[86]。在一定的条件下，当流体穿过某些障碍物（钝体）时，钝体后方两侧会周期性的脱落出两排方向相反的旋涡。若旋涡作用于物体的两侧，物体则会发生涡激振动。像水流流过桥墩，风吹过烟囱、高塔都会产生这种现象。在平稳的气流中，卡门涡街现象能否发生取决于雷诺数、斯特劳哈尔数、结构的平滑度、钝体的尺寸等。其中雷诺数是关键的影响因素，具体定义如下：

$$Re = \frac{\rho v d}{u} \tag{5.36}$$

式中，Re 代表雷诺数；ρ、v、u 分别代表流体的密度、速度和黏性系数；d 表示钝体的特征尺度。当雷诺数在 200～15000 之间，涡街便会出现。

为了最大化风能的转化效率，振动式风能收集器的共振频率通常设计与激振频率相匹配。即在一定的锁定的状态下，振动结构的频率与无干扰情况下涡流产生的频率一致。因此，风能收集器的设计目标是尽可能在不同的风速条件下，保持这种锁定状态，从而使振动结构一直处于共振状态，提高装置的输出。

基于这种思想，美国伯克利大学的 Weinstein 基于压电悬臂梁结构设计了如图 5.52 所示的频率可调的涡激振动式风能收集器[87]。该装置前端的圆柱形钝体用于产生涡流，悬臂梁的自由端负有一定的配重，通过调节配重的大小可以调节悬臂梁的共振频率，使其在不同风速条件下，均能保持与涡流频率一致，提高其使用范围。在 5m/s 的风速下，该风能收集器的输出功率可达 3mW。

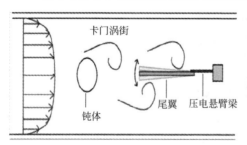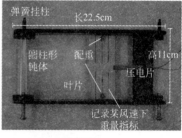

图 5.52　频率可调的涡激振动式风能收集器[87]

为提升悬臂梁振幅以提高压电输出，研究者设计了如图 5.53 所示的基于叶片结构的风能收集器[88]，并探讨了叶片垂直连接和平行连接对器件输出的影响。当叶片水平连接时，卡门涡街现象的发生会使得叶片两边产生气压差，驱动叶片振动。而当叶片水平连接时，叶片振动同样由卡门涡街现象引起，但之后叶片带动悬臂梁发生形变，与气流间形成夹角，这会进一步对悬臂梁产生气动升力和侧滑力，使其产生振动。实验结果表明，叶片垂直连接的方式能够产生更大的功率输出，在风速 8m/s，负载 5MΩ 时，峰值输出功率大约 615μW。与已有的一些旋转式和压电振动式风能收集器相比，该风能收集器具有成本低、生物相容性好、使用风速范围广的优势。

图 5.53 基于叶片结构的风能收集器[88]

与简单的悬臂梁结构不同，美国佐治亚理工学院的 Hobbs 等提出了如图 5.54 所示的树干摇摆式的风能收集装置[89]。他们利用竹签将聚乙烯管固定在压电片上，并形成阵列结构。经过精确的风速设定和位置排布，风吹过第一根聚乙烯管后脱落的旋涡会使得后面的聚乙烯管产生涡激振动，固定在底端的压电片会因此发生形变而发电。当风速为 3m/s 时，整体的输出功率为 96μW。西班牙的 Vortex Bladeless 公司也研制了类似的摇摆式风机 Vortex。不同之处在于 Vortex 是一种大型的风力发电装置，且发电方式是利用振动的机械能带动交流发电机发电。

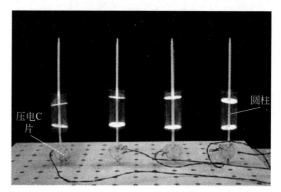

图 5.54　树干摇摆式风能收集装置[89]

5.3.4　共振腔式风能收集技术

共振腔式风能收集器通常由一个开口的腔体和固定在开口处的悬臂梁组成。当气流流进腔体时会导致腔体内气压的增加，使得悬臂梁向上弯曲；当气流加速流出腔体时，里面的气压急速减小，悬臂梁将恢复并向下弯曲。当风速达到一定条件时，悬臂梁将形成自激振荡。2010 年，美国克莱姆森大学的 Clair 等[90] 制作了一个直径约 76mm 的圆柱形腔体，并将面积 $1.56cm^2$ 的 PZT 压电片固定于铝制悬臂梁上，如图 5.55 所示。在风速 12.5m/s 的条件下输出功率为 0.8mW。

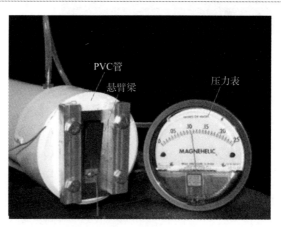

图 5.55　圆柱形腔风能收集器[90]

另一类共振腔式风能收集器采用的是赫姆霍兹共振结构，该结构由腔颈和腔体两部分组成。当腔颈内的气体由于外界压力压缩进腔体内时，腔体内的压力会随之增加；而当压力移除后，腔体内的气体会流出，导致内部气压低于外部，因而气体又会重新压缩进腔体内。这个过程会一直重复，只是气压的变化幅度会逐渐减小。赫姆霍兹共振腔可以简化成如图 5.56 所示的弹簧-质量块结构，腔体内可压缩的空气类似于弹簧，颈部的空气充当质量块。其共振频率与腔体体积和孔径有关，具体如下：

$$f_H = \frac{v}{2\pi}\sqrt{\frac{A}{V_H L}} \tag{5.37}$$

式中，v 是气流速度；A 和 L 分别代表腔颈截面积和长度；V_H 是腔体的体积。

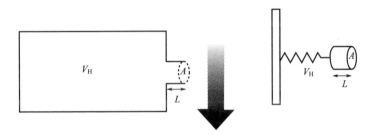

图 5.56　赫姆霍兹简化的弹簧-质量块结构图

图 5.57 是 Matova 设计的基于赫姆霍兹共振结构的压电共振腔式风能收集器[91]。其工作原理是首先通过共振腔将风能转化成振动的机械能，然后利用压电换能片将振动能转化成电能。通过结构、尺寸的设计可使得共振腔的频率与压电片自然频率一致，从而使压电片的输出最大化。该装置可在 20m/s 的风速条件下获得 42.2μW 的最大输出功率。

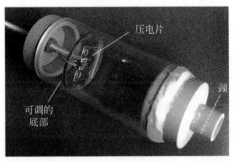

图 5.57　压电共振腔式风能收集器[91]

美国佐治亚理工学院的 Kim 等人[92] 也研制了微型的共振腔式风能收集器，如图 5.58 所示。该装置采用激光加工技术制造了一个毫米级的腔体和颈部，并在底部布置了磁铁和线圈。当风从颈部上方吹过，开口处的气压发生波动，使得弹簧-质量块结构发生振动并带动底部磁铁一起运动。在 5m/s 的风速下，线圈中的感应电动势为 4mV。

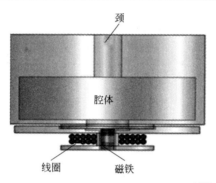

图 5.58　微型共振腔式风能收集器[92]

5.4　自供电微传感系统应用举例

微传感器的供电问题是制约其发展的关键因素，收集环境中的振动能、风能等能量给微传感器供电，形成自供电微传感系统是一种潜在的解决方案，具有广阔的前景。自供电微传感系统一般包括三个主要模块，分别为能量收集模块、电路管理模块和微传感器模块。能量收集器模块负责收集环境中的能量，将振动能、风能等能量转化成电能；电路管理模块则负责整流、充放电控制以及能量的分配等；微传感器模块负责信号的收集、处理和发送等。当然，也有一些自供电微传感器件本身就能够输出电能，并且可将电信号转换成传感信号，集能量收集和传感器于一体。下面将简要介绍一些自供电传感器的应用案例。

（1）振动能自供电系统

随着能量收集设备和能量管理电子技术的成熟日益成熟，自供电传感器和无线传感器网络系统在智能监控领域的应用得到广泛关注。Elvin 研究了一种如图 5.59 所示的压电 PVDF 装置，该装置收集到的能量可用于将感知到的数据远程无线传输到接收器，从而可以用一个 PVDF 装置实现应变传感和能量采集两个功能[93]。Aktakka 等设计了一种自供电的 MEMS 能量收集器[94]，它的电源管理电路用于对储能器进行自动充电，该能量收集器建议的包装尺寸为＜0.3cm³。Zhu 设计了如图 5.60 所示的信用卡大小的自供电智能传感器节点[95]，该节点由压电能量采集双晶片、功率调节电路、传感器和射频发射器组成，所产生的能量足够进行周期性的信息传感和信号传输。

图 5.59　Aktakka 等设计的 MEMS 压电能量收集器

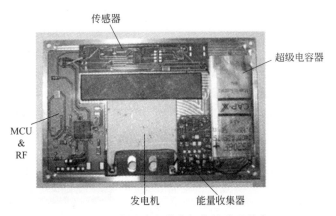

图 5.60　卡片式自供电智能传感器节点

（2）人体动能自供能系统

麻省理工学院的 Shenck 和 Paradiso 率先设计了一种装有电子元件的压电式 RFID 鞋[96]。如图 5.61 所示，该装置由一个鞋装压电发电机和一个完整的后续功率调节电路组成。该电路支持一个活跃的射频标签，可以在佩戴者行走时传输一个 12 位的短程无线识别代码。

图 5.61　装有电子元件的压电式 RFID 鞋[96]

中科院纳米能源所与上海长海医院胸心外科研究所合作研发了如图 5.62 所示的自供电柔性植入式摩擦传感器[97]。将其贴在心脏的外部，能够实时监测心率跳动情况，准确率达到 99%。摩擦传感器的工作原理同样是基于摩擦材料的摩擦生电和静电耦合效应，具体结构为垂直接触-分离结构。当心脏扩张和收缩时，摩擦材料间会发生挤压和分离的运动，并由此产生电压脉冲。电压脉冲的频率与心脏跳动的频率一致，因而可以作为心跳监测的传感器使用。

上海交通大学与上海长海医院合作开发了基于压电陶瓷和薄膜柔性衬底的植入式能量采集器，有效转化心脏跳动为电能，用于心脏起搏器[98]。

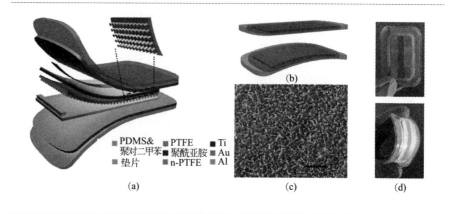

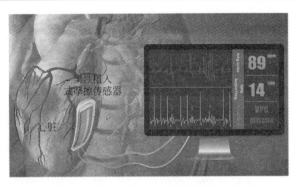

图 5.62　用于心跳监测的自供电柔性植入式摩擦传感器

(3) 风能自供电系统

在智能家居产业中，通过对室内温度、湿度、PM2.5 的检测，可实现家庭电器的智能化管理，从而营造出舒适的居住环境。北京纳米能源与系统研究所的王中林团队设计了一种能量收集器[99]，用于室内温度、湿度传感器的供电。其利用太阳能电池板和摩擦材料同时收集太阳能和风能，具体结构如图 5.63 所示。该能量收集器覆盖于屋顶上，摩擦材料在风中由于颤振现象，发生相互碰撞，产生电能。在 15m/s 的风速下，摩擦部分的输出功率可达 26mW，太阳能模块也能输出 8mW 的电能。通过整流和储能模块的设计，能够成功驱动温度、湿度传感节点。

图 5.63　自供电温度、湿度传感器系统[99]

同样是基于风能收集，重庆大学的 Zhang[100] 等人研发了一款自供电无线温度传感节点（图 5.64）。能量采集部分设计了自激振动的风能收集器结构，利用压电薄膜的形变输出电能。11.2m/s 风速下的最大输出功率为

1.59mW。能量管理部分利用集成芯片 LTC3588-1 和 LT3009 实现了整流、自动开关控制和能量存储。无线温度传感节点则遵循低功耗的设计原则，设置了空闲状态休眠模式。将三者集成之后的测试结果表明，基于风能收集器供电，温度传感节点每隔 12s 左右可以采集和发送一次数据。

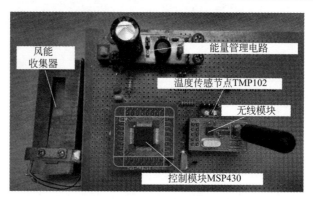

图 5.64   自供电温度传感节点[100]

此外，王中林团队还设计了一种自供电的空气净化系统。传统的静电除尘方法需要通过外部电源施加千伏电压，而该团队则采用旋转式摩擦电纳米发电机输出高电压对空气净化装置进行自供电。这种自供电的空气净化系统可以检测并净化空气中的粉尘颗粒和二氧化硫，如图 5.65所示。

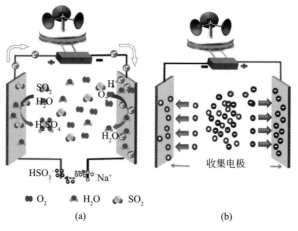

图 5.65   王中林团队设计的自供电的空气净化系统

刘会聪等人设计了一种微悬臂梁结构的压电式风能采集器，同时也是一种风速传感器，其系统结构图如图 5.66(a) 所示[101]。该器件的压电微悬臂梁在风中会由于颤振发生形变，从而产生电压输出。如图 5.66(b) 所示，在一定范围内，风越大，输出电压越高，两者之间近似成线性关系，因此可作为风速传感器，灵敏度为 0.9mV/(m/s)。通过压电悬臂梁的阵列化设计，结合相应管理电路，可实现风速传感信号的无线发送，由此形成自供电风速传感系统。

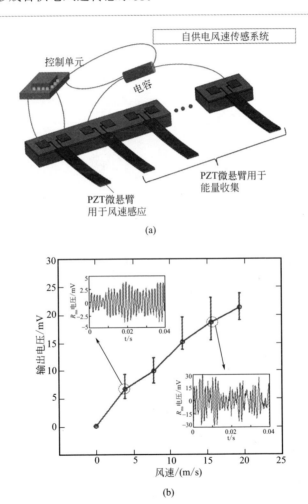

图 5.66　(a)自供电风速传感系统；(b)压电悬臂梁电压输出随风速变化情况

（4）自供能无线监测传感网

输电线路监测系统主要通过无线传感网络采集输电线路的运行环境

数据和线路铁塔的运行环境数据等，包括线路温度、湿度、污秽、覆冰、风偏、山火、雷击及铁塔环境温度、应力状况等，并在多信息集成和融合条件下实现线路故障监测及管理，为数字化线路奠定基础。国家电力建设研究所目前已将 Crossbow 公司开发的无线传感器网络节点部署在高压输电线上，如图 5.67 所示。传感器网络网关固定在输电线上，用于监测大跨距输电线路的应力、温度和振动等参数。此外，带有视频采集功能的无线传感器网络节点可以采集现场图像，用于进行灾害预警，实现令电网可视的传感器节点。无线传感器网络可以获取电网运行状态、参数等物理信息，为电网运行和管理人员提供更为全面、完整的电网运营数据，有利于决策系统控制实施方案和应对预案，也将成为未来智能电网的有效组成部分。

图 5.67　安装在电线上的无线传感器网络节点

参考文献

[1] Raghunathan V, Kansal A, Hsu J, et al. Design Considerations for solar energy harvesting wireless embedded systems[C]. 2005 International Symposium on Information Processing in Sensor Networks. IEEE, 2005: 457-462.

[2] 朴相镐, 褚金奎, 吴红超, 等. 微能源的研究现状及发展趋势[J]. 中国机械工程, 2005, 16: 1-4.

[3] Fei F, Mai J D and Li W J. A wind-flutter energy converter for powering wireless sensors[J]. Sensor and Actuators A:

Physical, 2012, 173（1）: 163-171.

[4] Jiang X, Polastre J and Culler D. Perpetual environmentally powered sensor networks[C]. 2005 International Symposium on Information Processing in Sensor Networks. IEEE Press, 2005: 65-70.

[5] Kishi M. Micro Thermoelectric Device and Themoelectric Powered Wrist Watch [J]. Bulletin of the Japan Institute of Metals, 1999, 38（10）: 755-758.

[6] Almoneef T S, Ramahi O M. Metamaterial electromagnetic energy harvester with near unity efficiency [J]. Applied Physics Letters, 2015, 106（15）: 4184-4187.

[7] 张学福, 王丽坤. 现代压电学中册[M]. 北京: 科学出版社, 2002.

[8] Erturk A and Inman D J. Piezoelectric energy harvesting [J]. Bulletin of Science Technology and Society, 2011, 28（6）: 496-509.

[9] Laura P A A, Pombo J L and Susemihl E A. A note on the vibration of clamped-free beam with a mass at the free end. [J]. Journal of Sound and Vibration, 1974, 37（2）: 161-168.

[10] Peroulis D, Pacheco S P, Sarabandi K, et al. Architectures for vibration-driven micropower generators[J]. Journal of Microelectromechanical systems, 2004, 13（3）: 429 - 440.

[11] Elfrink R, Kamel T M, Goedbloed M, et al. Vibration energy harvesting with aluminum nitride-based piezoelectric devices [J]. Journal of Micromechanics and Microengineering, 2009, 19（9）: 094005.

[12] Andosca R, Mcdonald T G, Genova V, et al. Experimental and theoretical studies on MEMS piezoelectric vibrational energy harvesters with mass loading[J]. Sensors and Actuators: A Physical, 2012, 178（5）: 76-87.

[13] Fang H B, Liu J Q, Xu Z Y, et al. Fabrication and performance of MEMS-based piezoelectric power generator for vibration energy harvesting[J]. Microelectronics Journal, 2006, 37（11）: 1280-1284.

[14] Lee B S, Lin S C, Wu W J, et al. Piezoelectric MEMS generators fabricated with an aerosol deposition PZT thin film [J]. Journal of Micromechanics and Microengineering, 2009, 19（6）: 065014.

[15] Liu H, Lee C, Kobayashi T, et al. Piezoelectric MEMS-based wideband energy harvesting systems using a frequency-up-conversion cantilever stopper [J]. Sensors and Actuators: A Physical, 2012, 186（4）: 242-248.

[16] Yen T T, Hirasawa T, Wright P K, et al. Corrugated aluminum nitride energy harvesters for high energy conversion effectiveness[J]. Journal of Micromechanics and Microengineering, 2011, 21（8）: 085037.

[17] Shen D, Park J H, Ajitsaria J, et al. The design, fabrication and evaluation of a MEMS PZT cantilever with an integrated Si proof mass for vibration energy harvesting[J]. Journal of Micromechanics and Microengineering, 2008, 18（5）: 055017.

[18] Shen D, Park J H, Noh J H, et al. Micromachined PZT cantilever based on SOI structure for low frequency vibration energy harvesting[J]. Sensors and Actuators: A Physical, 2009, 154（1）: 103-108.

[19] Lei A, Xu R, Thyssen A, et al. MEMS-based thick film PZT vibrational energy harvester[C]. International Con-

ference on MICRO Electro Mechanical Systems. IEEE, 2011: 125-128.

[20] Aktakka E E, Peterson R L and Najafi K. Thinned-PZT on SOI process and design optimization for piezoelectric inertial energy harvesting[C]. Solid-State Sensors, Actuators and Microsystems Conference. IEEE, 2011: 1649-1652.

[21] Tang G, Liu J, Yang B, et al. Fabrication and analysis of high-performance piezoelectric MEMS generators[J]. Journal of Micromechanics and Microengineering, 2012, 22(6): 065017.

[22] Tang G, Yang B, Liu J Q, et al. Development of high performance piezoelectric d 33, mode MEMS vibration energy harvester based on PMN-PT single crystal thick film[J]. Sensors and Actuators: A Physical, 2014, 205(205): 150-155.

[23] Priya S and Inman D J. Energy Harvesting Technologies[J]. Sensor Review, 2008, 269(1): 991-1001.

[24] Beeby S and White N. Energy Harvesting for Autonomous Systems. 2010.

[25] Spreemann D and Manoli Y. Electromagnetic Vibration Energy Harvesting Devices[M]. Springer Netherlands, 2012.

[26] Galchev T V, Mccullagh J, Peterson R L, et al. Harvesting traffic-induced vibrations for structural health monitoring of bridges[J]. Journal of Micromechanics and Microengineering, 2011, 21(10): 104005.

[27] Pan C T and Wu T T. Development of a rotary electromagnetic microgenerator[J]. Journal of Micromechanics and Microengineering, 2006, 17(1): 120-128.

[28] Bowers B J, Arnold D P. Spherical, rolling magnet generators for passive energy harvesting from human motion[J]. Journal

of Micromechanics and Microengineering, 2009, 19(19): 094008.

[29] Jiang Y, Masaoka S, Fujita T, et al. Fabrication of a vibration-driven electromagnetic energy harvester with integrated NdFeB/Ta multilayered micromagnets[J]. Journal of Micromechanics and Microengineering, 2011, 21(9): 095014.

[30] Ng W B, Takada A and Okada K. Electrodeposited Co-Ni-Re-W-P thick array of high vertical magnetic anisotropy[J]. IEEE Transactions on Magnetics, 2005, 41(10): 3886-3888.

[31] Arnold D P. Review of Microscale Magnetic Power Generation[J]. IEEE Transactions on Magnetics, 2007, 43(11): 3940-3951.

[32] Holmes A S, Hong G, Pullen K R. Axial-flux permanent magnet machines for micropower generation[J]. Journal of Microelectromechanical Systems, 2005, 14(1): 54-62.

[33] Arnold D P, Das S, Park J W, et al. Microfabricated High-Speed Axial-Flux Multiwatt Permanent-Magnet Generators—Part II: Design, Fabrication, and Testing[J]. Journal of Microelectromechanical Systems, 2006, 15(5): 1351-1363.

[34] Herrault F, Yen B C, Ji C H, et al. Fabrication and Performance of Silicon-Embedded Permanent-Magnet Microgenerators[J]. Journal of Microelectromechanical Systems, 2010, 19(1): 4-13.

[35] Arnold D P, Herrault F, Zana I, et al. Design optimization of an 8 W, microscale, axial-flux, permanent-magnet generator[J]. Journal of Micromechanics and Microengineering, 2006,

16（9）：S290-S296.

[36] Shearwood C and Yates R B. Development of an electromagnetic micro-generator, Electronics Letters[J]. 1997, 33（22）：1883-1884.

[37] El-Hami M, Glynne-Jones P, White N M, et al. Design and fabrication of a new vibration-based electromechanical power generator[J]. Sensors and Actuators：A Physical, 2001, 92（1-3）：335-342.

[38] Glynne-Jones P, Tudor M J, Beeby S P, et al. An electromagnetic, vibration-powered generator for intelligent sensor systems[J]. Sensors and Actuators：A Physical, 2004, 110（1-3）：344-349.

[39] Beeby S P, Torah R N, Tudor M J, et al. A micro electromagnetic generator for vibration energy harvesting[J]. Journal of Micromechanics and Microengineering, 2007, 17（7）：1257-1265.

[40] Koukharenko E, Tudor M J and Beeby S P. Performance improvement of a vibration-powered electromagnetic generator by reduced silicon surface roughness [J] . Materials Letters, 2008, 62（4-5）：651-654.

[41] Beeby S P, Tudor M J, Koukharenko E, et al. Micromachined silicon Generator for Harvesting Power from Vibrations[J]. Chemistry and Technology of Fuels and Oils, 2004, 9（2）：123-128.

[42] Liu H, Qian Y, Wang N, et al. An In-Plane Approximated Nonlinear MEMS Electromagnetic Energy Harvester[J]. Journal of Microelectromechanical Systems, 2014, 23（3）：740-749.

[43] Perpetuum PMG17-100 Data Sheet [Online]. Available：http：//www. perpetuum. co. uk.

[44] Ferro Solutions Energy Harvester Data Sheet [Online]. Available：http：//www. ferrosi. com.

[45] Williams C B, Shearwood C, Harradine M A, et al. Development of an electromagnetic micro-generator. IEEE Proc Circuits Devices Syst[J]. IEE Proceedings - Circuits Devices and Systems, 2002, 148（6）：337-342.

[46] Pan C T, Hwang Y M, Hu H L, et al. Fabrication and analysis of a magnetic self-power microgenerator [J]. Journal of Magnetism and Magnetic Materials, 2006, 304（1）：e394-e396.

[47] Kulah H and Najafi K. Energy scavenging from Low-Frequency vibrations by using frequency Up-Conversion for wireless sensor applications [J]. IEEE Sensors Journal, 2008, 8（3）：261-268.

[48] Hayakawa M. Electronic Wristwatch with Generator[J]. 1991.

[49] Mann B P and Sims N D. Energy harvesting from the nonlinear oscillations of magnetic levitation [J]. Journal of Sound and Vibration, 2009, 319（1-2）：515-530.

[50] Spreemann D, Manoli Y, Folkmer B, et al. Non-resonant vibration conversion [J]. Journal of Micromechanics and Microengineering, 2006, 16（9）：S169-S173.

[51] Meninger S, Mur-Miranda T O, Amirtharajah R, et al. Vibration-to-electric energy conversion[C]. International Symposium on Low Power Electronics and Design. ACM, 1999：48-53.

[52] Yi C, Kuo C T and Chu Y S. MEMS design and fabrication of an electrostatic vibration-to-electricity energy converter [J]. Microsystem Technologies, 2007, 13（11-12）：1663-1669.

[53] Hoffmann D, Folkmer B and Manoli Y. Analysis and characterization of triangular electrode structures for electrostatic energy harvesting[J]. Journal of Micromechanics and Microengineering, 2011, 21（10）: 104002-10401.

[54] Yang B, Lee C, Krishna Kotlanka R, et al. A MEMS rotary comb mechanism for harvesting the kinetic energy of planar vibrations[J]. Journal of Micromechanics and Microengineering, 2010, 20（6）: 065017.

[55] Naruse Y, Matsubara N, Mabuchi K, et al. Electrostatic micro power generation from low-frequency vibration such as human motion[J]. Journal of Micromechanics and Microengineering, 2009, 19（9）: 094002.

[56] Kashiwagi K, Okano K and Miyajima T. Nano-cluster-enhanced high-performance perfluoro-polymer electrets for energy harvesting[J]. Journal of Micromechanics and Microengineering, 2011, 21（12）: 125016.

[57] Lo H and Tai Y C. Parylene-based electret power generators[J]. Journal of Micromechanics and Microengineering, 2008, 18（10）: 1023-1029.

[58] Diaz A F and Felix-Navarro R M. A semi-quantitative tribo-electric series for polymeric materials: the influence of chemical structure and properties[J]. Journal of Electrostatics, 2004, 62（4）: 277-290.

[59] Jing Q, Zhu G, Bai P, et al. Case-encapsulated triboelectric nanogenerator for harvesting energy from reciprocating sliding motion. [J]. Acs Nano, 2014, 8（4）: 3836-42.

[60] Yang J, Chen J, Yang Y, et al. Broadband Vibrational Energy Harvesting Based on a Triboelectric Nanogenerator[J]. Advanced Energy Materials, 2014, 4（6）: 590-592.

[61] Meng X S, Zhu G and Wang Z L. Robust thin-film generator based on segmented contact-electrification for harvesting wind energy[J]. Acs Applied Materials and Interfaces, 2014, 6（11）: 8011.

[62] Cheng G, Lin Z H, Du Z, et al. Simultaneously Harvesting Electrostatic and Mechanical Energies from Flowing Water by a Hybridized Triboelectric Nanogenerator[J]. Acs Nano, 2014, 8（2）: 1932-9.

[63] Hou T C, Yang Y, Zhang H, et al. Triboelectric nanogenerator built inside shoe insole for harvesting walking energy[J]. Nano Energy, 2013, 2（5）: 856-862.

[64] Niu S, Wang S, Lin L, et al. Theoretical study of contact-mode triboelectric nanogenerators as an effective power source[J]. Energy and Environmental Science, 2013, 6（12）: 3576-3583.

[65] Zhu G, Chen J, Ying L, et al. Linear-Grating Triboelectric Generator Based on Sliding Electrification[J]. Nano Letters, 2013, 13（5）: 2282.

[66] Niu S, Liu Y, Wang S, et al. Theory of sliding-mode triboelectric nanogenerators[J]. Advanced Materials, 2013, 25（43）: 6184-6193.

[67] Yang Y, Zhang H, Chen J, et al. Single-electrode-based sliding triboelectric nanogenerator for self-powered displacement vector sensor system[J]. Acs Nano, 2013, 7（8）: 7342-7351.

[68] Zhang H, Yang Y, Su Y, et al. Triboelectric Nanogenerator for Harvesting Vibration Energy in Full Space and as

Self-Powered Acceleration Sensor[J]. Advanced Functional Materials, 2014, 24(10): 1401-1407.

[69] Lin L, Wang S, Niu S, et al. Noncontact free-rotating disk triboelectric nanogenerator as a sustainable energy harvester and self-powered mechanical sensor[J]. Acs Applied Materials and Interfaces, 2014, 6(4): 3031-3038.

[70] Wang Z L. Triboelectric nanogenerators as new energy technology for self-powered systems and as active mechanical and chemical sensors. [J]. Acs Nano, 2013, 7(11): 9533-9557.

[71] Han M, Zhang X S, Meng B, et al. r-Shaped Hybrid Nanogenerator with Enhanced Piezoelectricity [J]. Acs Nano, 2013, 7(10): 8554-8560.

[72] Wang S, Lin L, and Wang Z L. Nanoscale triboelectric-effect-enabled energy conversion for sustainably powering portable electronics. [J]. Nano Letters, 2012, 12(12): 6339-6346.

[73] Guo H, Wen Z, Zi Y, et al. A Water-Proof Triboelectric-Electromagnetic Hybrid Generator for Energy Harvesting in Harsh Environments[J]. Advanced Energy Materials, 2016, 6(6): 1501593.

[74] Dhakar L, Tay F E H and Lee C. Development of a Broadband Triboelectric Energy Harvester With SU-8 Micropillars[J]. Journal of Microelectromechanical Systems, 2015, 24(1): 91-99.

[75] Dhakar L, Gudla S, Shan X, et al. Large Scale Triboelectric Nanogenerator and Self-Powered Pressure Sensor Array Using Low Cost Roll-to-Roll UV Embossing [J]. Scientific Reports, 2016, 6: 22253.

[76] Wang S, Xie Y, Niu S, et al. Maximum surface charge density for triboelectric nanogenerators achieved by ionized-air injection: methodology and theoretical understanding[J]. Advanced Materials, 2014, 26(39): 6720-6728.

[77] Priya S. Modeling of electric energy harvesting using piezoelectric windmill [J]. Applied Physics Letters, 2005, 87(18): 184101.

[78] Karami M A, Farmer J R and Inman D J. Parametrically excited nonlinear piezoelectric compact wind turbine[J]. Renewable Energy, 2013, 50(3): 977-987.

[79] Bansal A, Howey D A, Holmes A S. CM-scale air turbine and generator for energy harvesting from low-speed flows[C]. 2009 International Solid-State Sensors, Actuators and Microsystems Conference. IEEE, 2009: 529-532.

[80] Xie Y, Wang S, Lin L, et al. Rotary triboelectric nanogenerator based on a hybridized mechanism for harvesting wind energy[J]. Acs Nano, 2013, 7(8): 7119-7125.

[81] 赵兴强. 基于颤振机理的微型压电风致振动能量收集器基础理论与关键技术[D]. 重庆: 重庆大学光电工程学院, 2013.

[82] Fei F and Li W J. A fluttering-to-electrical energy transduction system for consumer electronics applications[C]. 2009 International Conference on Robotics and Biomimetics. IEEE Press, 2009: 580-585.

[83] Frayne S M. Generator utilizing fluid-induced oscillations[P]. US, 20090309362, 2009-12-17.

[84] Sun C, Shi J, Bayerl D J, et al. PVDF microbelts for harvesting energy from respiration[J]. Energy and Environmental Science, 2011, 4(11): 4508-4512.

[85] Taghavi M, Sadeghi A, Mazzolai B,

et al. Triboelectric-based harvesting of gas flow energy and powerless sensing applications [J]. Applied Surface Science, 2014 (323): 82-87.

[86] 王振东. 冯·卡门与卡门涡街[J]. 自然杂志, 2010, 32 (4): 243-245.

[87] Weinstein L A, Cacan M R, So P M, et al. Vortex shedding induced energy harvesting from piezoelectric materials in heating, ventilation and air conditioning flows[J]. Smart Materials and Structures, 2012, 21 (4): 45003-45012.

[88] Li S, Yuan J and Lipson H. Ambient wind energy harvesting using cross-flow fluttering [J]. Journal of Applied Physics, 2011, 109 (2): 026104.

[89] Hobbs W B and Hu D L. Tree-inspired piezoelectric energy harvesting [J]. Journal of Fluids and Structures, 2012, 28 (1): 103-114.

[90] Clair D S, Bibo A, Sennakesavababu V R, et al. A scalable concept for micropower generation using flow-induced self-excited oscillations[J]. Applied Physics Letters, 2010, 96 (14): 144103.

[91] Matova S P, Elfrink R, Vullers R J M, et al. Harvesting energy from airflow with a michromachined piezoelectric harvester inside a Helmholtz resonator[J]. Journal of Micromechanics & Microengineering, 2011, 21 (21): 104001-104006.

[92] Kim S H, Ji C H, Galle P, et al. An electromagnetic energy scavenger from direct airflow [J]. Journal of Micromechanics and Microengineering, 2009, 19 (9): 094010.

[93] Elvin N, Elvin A, Choi D H. A self-powered damage detection sensor[J]. Journal of Strain Analysis for Engineering Design. 2003, 38 (2): 115-124.

[94] Aktakka E E, Peterson R L, Najafi K. A self-supplied inertial piezoelectric energy harvester with power-management IC [C]. 2011 IEEE International Solid-State Circuits Conference (ISSCC 2011), 120-121.

[95] Zhu D, Beeby S P, Tudor M J, et al. A credit card sized self powered smart sensor node[J]. Sensors and Actuators A-Physical. 2011, 169 (2): 317-325.

[96] Shenck N S, Paradiso J A. Energy scavenging with shoe-mounted piezoelectrics [J]. IEEE Micro. 2001, 21 (3): 30-42.

[97] Ma Y, Zheng Q, Liu Y, et al. Self-powered, one-stop, and multifunctional implantable triboelectric active sensor for real-time biomedical monitoring[J]. Nano Letters. 2016, 16 (10): 6042-6051.

[98] Li N, Yi Z, Ma Y, et al. Direct powering a real cardiac pacemaker by natural energy of a heart beat [J]. ACS Nano. 2019, 13: 2822-2830.

[99] Wang S, Wang X, Wang Z L, et al. Efficient Scavenging of Solar and Wind energies in a Smart City [J]. Acs Nano. 2016, 10 (6): 5696-5700.

[100] Zhang C, He X F, Li S Y, et al. A wind energy powered wireless temperature sensor node [J]. Sensors. 2015, 15 (3): 5020-5031.

[101] Liu H, Zhang S, Kathiresan R, et al. Development of piezoelectric micro-cantilever flow sensor with wind-driven energy harvesting capability [J]. Applied Physics Letters. 2012, 100 (22): 1604-1614.

第6章

新兴微传感
系统应用展望

6.1 新兴功能材料在微纳传感系统的应用展望

新兴材料是一个宽泛的概念，有些新兴材料是颠覆性的材料，有些新兴材料是两种或者多种材料的复合，而有些时候新兴材料也指在新领域的创新性的应用，一些新的配方和新的工艺可以使"老材料"焕发出新机。功能材料是指通过光、电、磁、热、化学、生化等作用后具有特定功能的材料。功能材料种类繁多，用途广泛[1]。功能材料按材料的材质可以分为金属功能材料、非金属功能材料、有机高分子功能材料和复合功能材料 4 大类。

6.1.1 金属功能材料

多铁性（multiferroic）材料是一种同时具备多种基本铁性（铁磁性、铁电性、铁弹性）的材料。多铁性材料在本身具有多种铁性物理性质的同时，所有的铁性之间均存在耦合作用，因而使得多铁性材料具有包括磁电效应在内的多种新的效应，大大拓展了铁性材料的应用范围。多铁性材料具有铁电、压电、铁磁等性能，在一定的温度下会同时具有极化有序和磁化有序特性。这些特性的存在引起的磁电耦合效应使多铁性材料具有在磁场和温度场下改变阻值特性的物理性质。通过多铁性材料的磁电耦合，可以运用外加电场来控制材料的磁化状态，或者运用外加磁场来控制材料的极化状态。多铁性材料由于具有多种新的效应，未来可以通过将其两种或两种以上的性质结合而制作出集成功能的微纳传感器，从而实现单一传感器的多功能化[2]。

如图 6.1 所示为采用多铁性材料制备的压力传感器[3]，1 为多铁纳米

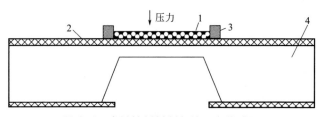

图 6.1 多铁性材料制备的压力传感器

1—多铁纳米复合纤维； 2—二氧化硅薄膜； 3—引出金属电极； 4—支撑硅衬底

复合纤维材料，通过纳米纤维的压电效应将压力信号转化为模拟的电信号；2 为与压电材料相对应的衬底间的绝缘隔离层，材料选用二氧化硅薄膜；3 是传感器输出信号的电极；4 为支撑硅衬底，它在传感器的背面经各向异性腐蚀制成压力窗口。

6.1.2 非金属功能材料

6.1.2.1 石墨烯

石墨烯（graphene）是从石墨材料中剥离出来、由碳原子组成的只有一层原子厚度的二维晶体。作为目前发现的最薄、强度最大、导电和导热性能最强的一种新型纳米材料，石墨烯被称为"黑金"，是"新材料之王"，科学家甚至预言石墨烯将"彻底改变 21 世纪"。它极有可能掀起一场席卷全球的颠覆性新技术新产业革命。石墨烯目前最有潜力的应用是成为硅的替代品。

有关石墨烯研究的学术论文自 2004 年以来一直呈指数增长。在产业应用方面，欧盟在 2013 年初宣布石墨烯入选"未来新兴技术旗舰项目"，并投资 10 亿欧元，历时 10 年，致力于将石墨烯从实验室技术发展成能够服务于社会的新材料。中国科技部和自然科学基金委从 2007 年开始，累计投资数亿人民币进行石墨烯的相关基础研究[4]。

石墨烯是一种由碳原子构成的单层片状结构的新材料。碳原子以 sp2 杂化轨道组成六角形蜂巢晶格，可以通过自顶向下的流程（例如机械/电化学/化学剥离石墨）或自底向上的方法（化学气相沉积和化学合成）制造。石墨烯是目前世上最薄却也是最坚硬的纳米材料，它几乎是完全透明的，只吸收 2.3% 的光；热导率高达 $5300\mathrm{W/(m\cdot K)}$，高于碳纳米管和金刚石；常温下其电子迁移率超过 $15000\mathrm{cm^2/(V\cdot s)}$，比碳纳米管或硅晶体高，而电阻率只有约 $10^{-6}\Omega\cdot\mathrm{cm}$，比铜和银更低，目前为世界上电阻率最小的材料。因为它的电阻率极低，电子迁移的速度极快，因此被期待可用来发展出导电速度更快、更薄的新一代电子元件或晶体管。优异的导电性能和室温量子霍尔效应及室温铁磁性等特殊性质，使石墨烯成为传感器件的宠儿[5]。石墨烯对一些酶表现出优异的电子迁移能力，并且对一些生物小分子（H_2O_2、双酚 A、咖啡因、吗啡等）具有良好的催化性能，使其适合做基于酶的生物传感器（如过氧化物酶传感器、葡萄糖传感器、乙醇传感器等）[6]。目前用于气体传感器中的石墨烯一般是通过 CVD 方法制得，产物结构完整、比表面积极大，有利于气体吸附；而用于电化学传感器中的石墨烯一般是通过氧化还原方法制得，产物通常有较多的结构缺陷，存在一些未被还原的官能团，有利于其在电化学领域中的应用。

（1）石墨烯在气敏传感器上的应用

石墨烯巨大的表面积使之对周围的环境非常敏感，即使是一个气体分子吸附或释放都可以被检测到，使之在气敏传感器方面有着重大的应用。比如，以石墨烯/聚苯胺纳米复合材料为敏感元件，制备得到了检测 NH_3 的传感器（图 6.2）；用全氟磺酸/镍纳米粒子/石墨烯制备得到复合薄膜，然后再用复合膜修饰玻碳电极制备得到高灵敏度的非酶乙醇传感器；还有用水热合成方法制备得到二氧化锡/石墨烯复合材料，用于制作室温气体传感器。

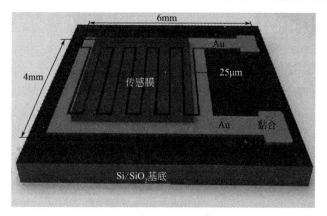

图 6.2 交叉型石墨烯气敏传感膜

（2）石墨烯在味敏传感器上的应用

用化学气相沉积法（CVD）制备得到石墨烯，然后利用其晶体场效应制得柔性的葡萄糖传感器；合成 Pt/Au 双金属纳米粒子并使之附载到石墨烯/碳纳米管上得到复合纳米材料，再用这种材料修饰玻碳电极制备得到检测 H_2O_2 的非酶传感器；用磁性纳米粒子修饰还原氧化石墨烯和壳聚糖一起制备得到检测 BPA 的电化学传感器。

（3）石墨烯在酶传感器上的应用

将氧化石墨烯/纳米金粒子/过氧化酶/壳聚糖混合修饰到玻碳电极上，制备得到了检测过氧化氢的酶传感器。结果表明，该传感器响应迅速，灵敏度极高，并且具有很好的再现性和稳定性。

（4）石墨烯在离子传感器上的应用

用化学还原氧化石墨烯修饰玻碳电极制得选择性极高的检测亚硝酸盐的传感器；利用层层自组装石墨烯片制备得到具有很好选择性的离子传感器（图6.3）。

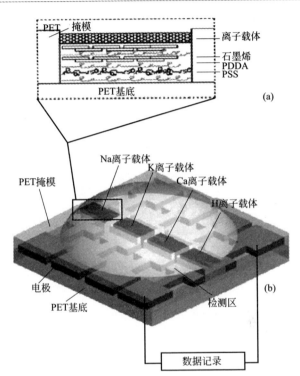

图6.3 离子传感器敏感元件（a）和传感器的结构（b）

（5）石墨烯在湿度传感器上的应用

石墨烯具有良好的湿敏特性，用石墨烯/聚吡咯制备出能够检测湿度的传感器，采用了化学氧化聚合的方法制得不同石墨烯掺入比例的敏感元件材料。

（6）石墨烯传感器的应用展望

不仅如此，基于石墨烯优异的电学性能以及边界电学特异性能，石墨烯有望应用于应力应变传感器领域。基于其高灵敏性、重现性、快速响应性和稳定性好等优点，由于其独特的电化学特性、生物相容以及分子结构力学等特点，为用石墨烯开发超灵敏电化学生物传感器提供了依据。基于石墨烯优异的电催化活性，它可以用于电化学检测生物小分子，以及电化学分析（如生物医药分析、环境分析的电化学传感器）。在这些领域中，石墨烯表现出比碳纳米管更为优异的性能。

然而，石墨烯基的材料/器件的研发仍然处于初期阶段，石墨烯的制备也没有能够实现经济化、产业化。在电化学传感领域化学还原石墨烯氧化物是一种比较可行的方法，但是其导电性能又会随着氧化还原的过程而变差，故研究石墨烯杂化材料以及杂化材料之间的协同效应在传感器中的应用将成为新的研究方向。把生物酶和相应的石墨烯敏感材料结合制备得到复合传感器，这将会把传感器的灵敏度推向更高的级别。除了研究基于石墨烯大比表面积、电性能的化学传感器外，还可以研究基于石墨烯光性能、力学性能、高热导性能、室温铁磁效应等开发出新的传感器，如光敏传感器、压力传感器、热传感器和电磁传感器等。

6.1.2.2 多孔硅

多孔硅是一种新兴的室温气敏材料。它的发现很早，但是近几年才被用于气敏传感器。一般根据多孔硅的表面孔径尺寸将其分为大孔硅（Macro-PS）、介孔硅（Meso-PS）及纳米孔硅（Nano-PS）。

多孔硅用于气敏微传感器主要有以下优点：具有巨大的比表面积；室温下显现出一定的灵敏度和气体的选择性；工艺较简单而且更便于与集成电路工艺兼容；成本较低廉[6]。

由于现阶段，多孔硅气敏传感器仍然存在着灵敏度低、反应速度较慢、恢复特性差等缺点。因此，一些科研人员希望通过一定的制备方法，将金属氧化物薄膜和多孔硅复合在一起，以便制备出新型的工作温度低、灵敏度高、响应快的多孔硅基金属氧化物气敏传感器。

6.1.3 有机高分子材料

6.1.3.1 基于聚 N-异丙基丙烯酰胺高分子材料

聚 N-异丙基丙烯酰胺（PNIPAM）是一种具有功能发现能力的高分子智能材料，是一种集检测、判断和处理功能于一体的新型材料。经研究 PNIPAM 水溶液的特性黏数在 25～31.5℃之间的变化，发现特性黏数随温度升高而下降，呈现两个阶段：低温阶段的斜率较小，而高温阶段的斜率较大，转折温度约为 30.1℃，表明从 25℃起分子链就开始收缩，到 30℃以上时升温对收缩的促进更显著。人们已经对其独特的性能和潜在的应用进行了广泛的研究。由 PNIPAM 制备而成的多种高分子材料已经应用于药物控制释放、生物工程、免疫分析等多个领域[7]。

基于聚 N-异丙基丙烯酰胺的温敏性可以设计相关的温度传感器。其中基于高双折射微纳光纤和高分子材料相结合的超高灵敏度温度传感器，能够在一定温度范围内对温度的响应达到极高的灵敏度。聚 N-异丙基丙烯酰胺与微纳光纤结合，将聚 N-异丙基丙烯酰胺和微纳光纤封装在水溶液中，利用聚 N-异丙基丙烯酰胺的温敏性，将环境温度的改变反映到微纳光纤干涉光谱的漂移上，可以实现 44.1nm/℃ 的超高温度敏感度[8]。

PNIPAM 的环境敏感行为在调光材料领域也有特殊的应用。研究发现，通过调节沿同一方向的红外线辐照强度可以控制 PNIPAM 凝胶对可见激光的透过能力。由于红外辐照使得凝胶局部变热，凝胶结构部分温度升高发生收缩形成塌陷微区，当微区大小与激光波长相当时，激光会发生散射，造成凝胶对可见激光的透过率的降低，且这种转变非常迅速和具可逆性。基于这种敏感特性，这种材料可被用于制作具有自动调光功能的传感器[9]。

6.1.3.2　有机荧光纳米复合材料

有机荧光纳米复合材料是将有机荧光材料与其他无机或高分子材料相结合制备的功能性纳米复合材料。纳米复合材料不仅具备了纳米级材料的优异性能，而且同时拥有了有机荧光材料自身的荧光特性。用这种材料制备的有机荧光探针可以通过与被测物质进行具有专一的选择性的化学反应，而引起有机荧光探针分子空间结构发生变化并伴随其外层电子云分布发生改变，导致荧光光谱发生变化，从而将分子识别的信息转换成荧光信号传递给外界，将人与分子间的对话变成可能。

利用对于铜、汞、铂等重金属离子具有特殊选择性识别能力的化合物（四苯基卟啉），金属离子的引入会造成其颜色发生变化以及荧光发射的淬灭。将这种对于汞离子具有良好传感响应能力的有机荧光探针分子通过化学键、共价键连接到二氧化硅纳米微球的表面，制备一种新型材料。这种材料不仅具有纳米尺度的优良性能，同时还具备荧光探针的传感性能，是一种具有荧光识别效果的新型纳米微球复合材料。通过这种材料可以在水质监测与重金属污染物监测回收方面做出一定的探索工作[10]。

这里主要介绍了有机荧光纳米复合材料在荧光传感领域的应用，纳米复合微球在生物医学领域也有应有前景，比如药物缓释方向、免疫测定方向、抗肿瘤方向以及体内成像技术、DNA 分离技术等方向均具有较好的潜力。

6.1.3.3　形状记忆高分子纳米复合材料

形状记忆高分子材料（SMPs）能"记住"一个或多个临时赋形，当受到如热、水、光等外界刺激就能恢复其原始的形态。与形状记忆合金和形状记忆陶瓷不同，形状记忆高分子柔韧、质量小、廉价易得、形变量大、加工赋形容易、结构和功能多样、触发方式多样、生物相容性和生物可降解性好等诸多优点，使之成为智能材料家族中独特的分支。SMPs 具备突出的刺激响应性和驱动性。而形状记忆高分子纳米复合材料可以极大地强化或者拓展形状记忆高分子的功能。但是形状记忆高分子同样有它的局限性：其化学结构设计往往较难且不易实现；对于外界刺激响应有限，大部分 SMPs 一般都是接触式热响应型的。因此与纳米材料复合可以强化和拓展 SMPs 的功能，完善其应用技术，两者结合发展出电诱导 SMPs 纳米复合材料、水诱导 SMPs 纳米复合材料、磁诱导 SMPs 纳米复合材料、光诱导 SMPs 纳米复合材料、热致感应型 SMPs，可以对电、水、磁、光、热等物理条件做出响应。热致感应型 SMPs 是在室温以上变形并能在室温固定形变且可长期存放，当温度回升至某一特定响应温度时，器件能很快回复初始形状的聚合物[11,12]。

采用简易的转移法制备的具有双层结构的纳米银线/形状记忆聚酯纳米复合材料具有良好的柔韧性和优越的导电性，而且其导电性呈现与拉伸形变相关的可逆变化，该材料可以通过电信号的变化对外界温度做出应答，是制备导电型温度传感器的理想材料；通过简易的转移法制备的具有双层结构的碳纳米管/形状记忆聚酯纳米复合材料展现了电和水双重刺激响应的形状记忆行为，该复合材料在水传感器件方面具有潜在应用价值。热致感应型 SMPs 由于其设计简单，易于控制，广泛应用于医疗卫生、体育运动、建筑、包装、汽车及电子电器等领域，比如医用器械、坐垫、光信息记忆介质及报警器等。

这里只简单介绍了几种主要的 SMPs 纳米复合材料，目前众多学者致力于研究 SMPs 热机械理论模型，旨在开发更多通用性更广的新型 SMPs 材料，现在 pH 响应型、微波响应型以及具有自修复功能的 SMPs 材料相继问世。相信 SMPs 纳米复合材料依旧可以保持爆发式的发展态势，在不久的将来可以见到功能强大的通用 SMPs 材料在各个领域绽放光彩。

6.1.4 量子点

量子点（Quantum Dots，QDs）是一种新兴的纳米发光材料，具有很好的光稳定性、宽的激发谱和窄的发射谱，很好的生物相容性，寿命长等特点。除作为荧光标记物在生物传感和细胞成像方面应用外，它也是一种半导体的纳米晶体。

选用量子点作为纳米荧光探针的功能化水溶性量子点荧光淬灭传感器可以快速检测食用油的掺假。不同掺杂比例的劣质食用油中有不同浓度的淬灭剂，从而引起不同程度的荧光淬灭，宏观上表现出不同的荧光强度。实验表明该传感器可在 2min 内对掺假 0.4% 以上的劣质食用油进行快速鉴别，有很大的现场应用前景。基于核算/半导体量子点的杂化体系结合了核算的识别、催化性能和量子点的光物理性能，可以实现用于检测 DNA 的不同光学传感平台的开发[13]。

利用纳米荧光量子点作为荧光信号报告分子的荧光适配体传感器可以快速、专一、同时分离和定量检测大肠杆菌 O157：H7、单增李斯特菌、鼠伤寒沙门氏菌和金黄色葡萄球菌等四种食源性致病菌，在致病微生物多元检测现场应用中有极大的潜力[14]。

6.2 新兴微传感系统在智慧工农业领域的应用

随着物联网（Internet of Things，IoT）技术和"互联网＋"的不断发展，行业转型升级和技术革新的浪潮不断推进，"智能制造""智慧工厂""智慧农业""智慧地球"等相关概念应运而生。如图 6.4 所示的物联网结构图可知，传感器是机器感知物质世界的"感觉器官"，可以感知热、力、光、电、声、位移等信号，为物联网系统的传输、处理、分析和反馈提供最原始的信息。近年来，随着 MEMS 技术的日趋成熟和无线传感网络（Wireless Sensor Networks，WSN）的广泛应用，推动了传感技术的不断进步，微传感器因其微型化、智能化、低功耗、易集成的特点更是越来越受青睐。以新兴传感器网络为核心的感知网络研究迅速升温并取得了大量研究成果。

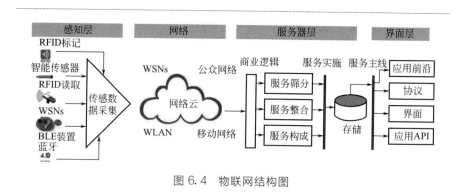

图 6.4　物联网结构图

6.2.1 新兴微传感系统在智慧工业物联网领域的应用

　　智能化是制造业的发展方向，如何构建基于物联网、云计算、大数据等新兴技术的智慧工厂是产学研高度关注的焦点。首先应当在传统的车间局部小范围智能制造基础上，通过物联网集成底层设备资源，实现制造系统的泛在感知、互通互联和数据集成；其次利用生产数据分析与性能优化决策，实现工厂生产过程的实时监控、生产调度、设备维护和质量控制等工厂智能化服务；最后通过引入服务互联网，将工厂智能化服务资源虚拟化到云端，通过人际网络互联互动，根据客户个性化需求，按需动态构建全球化工厂的协同智能制造过程。由图 6.5 所示的智慧工厂总体设计方案不难看出，制造物联是实现智慧工厂的前提基础，而基于无线传感网络的数据采集是物联网实现"物物相联，人物互动"的基础。由此可见，在未来的智慧工厂中，传感器作为机械的触觉，是实现自动检测和自动控制的首要环节，是实现工厂智能化、物流智能化和过程智能化的前提基础。

　　无线传感器网络（WSNs）是由部署在监测区域内大量的微型传感器节点组成，通过无线通信方式形成的一个多跳的、自组织的网络系统，能协作地感知、采集和处理网络覆盖区域中被监测对象的信息，并发送给协调器。数量巨大的传感器节点以随机散播或者人工放置的方式部署在监测区域中，通过自组织方式构建网络，WSNs 可以在任何时间、任何地点、任何环境条件下获取人们所需信息，是物联网底层网络的重要技术形式。

　　工业无线传感网络（IWSN）发展自 WSNs 技术，由大量传感器节点组成，这些传感器包括振动、温度、湿度、压力、流量、可燃气体、电压、电流传感器等，通过感知和采集相关参数，并经由无线网络发送给用户终端，以帮助实现环境感知、状态监测、过程控制、能效管理和安保监控等应用。目前，包括艾默生、霍尼韦尔、通用电气、ABB以及西门子等工业自动化巨头都参与到该领域的研究当中。下面本文就现场环境监测和设备状态监测这两个方面来举例说明新兴的微传感系统在工业无线传感网络方面的应用。

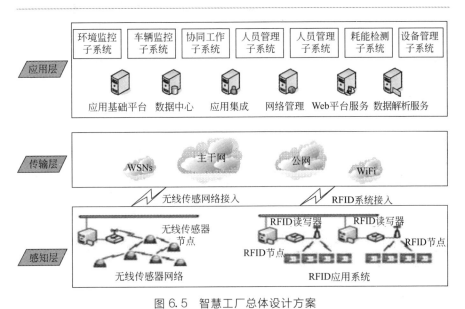

图6.5 智慧工厂总体设计方案

（1）现场环境监测

煤矿安全监控系统结构图如图6.6所示，通过瓦斯传感器、二氧化碳传感器、氧气传感器、一氧化碳传感器、温（湿）度传感器等新兴的微型传感器组的移动节点和参考节点为煤矿安全监控信息。移动节点安装于井下工作人员的安全帽上，从而实现人员实时定位。这样一方面工作人员能够知道井下人员的分布情况，方便管理和调度；另一方面矿难发生时工作人员可以根据系统的人员历史位置信息快速找到被困人员，提高救援效率。参考节点则安装于井下某一固定坐标位置，从而监测环境参数信息（如温度或气体浓度等）并通过无线方式传递给地面信息监控中心。信息监控中心对收集到的环境信息进行处理，分析隧道内的安全状况，当井下监测节点采集到的数据出现异常状态时，通知井下人员，降低事故发生率。

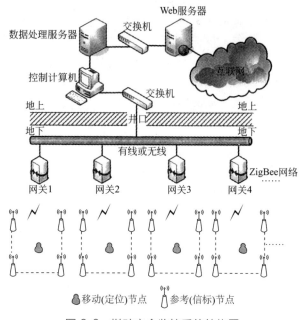

图 6.6　煤矿安全监控系统结构图

（2）设备状态监测

由于吊钩本身结构的限制及其工作环境的不确定性，预留下的空间极为有限，传统传感器体积较大，不适合吊钩的安装，国内外都较少开展对于起重机吊钩运动监控的研究。西北工业大学的薛峰等针对起重机吊钩运动状态的实时监控问题，设计并实现了一种基于 MEMS 传感器的吊钩运动监控系统，该系统框图如图 6.7 所示。该系统采用 ADI 公司的三轴 MEMS 加速度计 ADXL312 作为倾角测量传感器，微磁强计采用

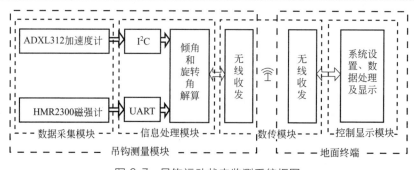

图 6.7　吊钩运动状态监测系统框图

Honeywell 公司的 HMR2300，实时测量了吊钩的二维倾角和水平方位角，并通过误差补偿，实现对吊钩倾角和水平方位角的实时监控，该系统的吊钩运动状态监测节点和地面终端如图 6.8 所示。该传感器开发成本低、精度高，不仅可满足起重机现场使用要求，也可以为起重机吊臂闭环控制系统的研究提供物理参量。

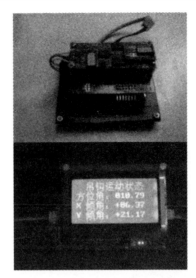

图 6.8　吊钩状态监测节点和地面终端

6.2.2　新兴微传感系统在智慧农业领域的应用

我国传统农业正在加快向现代农业转型，而智慧农业将成为现代农业未来发展的趋势。所谓"智慧农业"就是充分应用现代信息技术成果，集成应用计算机与网络技术、物联网技术、音视频技术、3S 技术、无线通信技术及专家智慧与知识，实现农业可视化远程诊断、远程控制、灾变预警等智能管理，其系统结构图如图 6.9 所示。它主要通过各种无线传感器实时采集农业生产现场的空气温湿度、光照强度、土壤湿度和土壤 pH 值等参数，利用视频监控设备获取农作物的生长状况等信息，远程监控农业生产环境，同时将采集的参数和获取的信息进行数字化转换和汇总后，经传输网络实时上传到相关农业智能管理系统中；系统按照农作物生长的各项指标要求，精确地遥控农业设施自动开启或者关闭，实现智能化的农业生产，有效减少成本，提高农作物产量。

应用于农业领域的无线传感网络按节点的位置可分为地面无线传感网络（terrestrial wireless sensor networks，TWSN）和地下无线传感网络（wireless underground sensor networks，WUSN）。TWSN 主要用于采集地面信息，如使用温湿度、光照、雨量、风速、风向、气压等微型传感器采集地面气象信息。当气象信息超出正常值可及时采取措施，减轻自然灾害带来的损失。WUSN 主要用于地下信息采集，如使用土壤温度、水分、水位、溶氧、pH 值等监测信息，实现合理灌溉，杜绝水源浪费和大量灌溉导致的土壤养分流失。下面就农作物种植、家禽饲养和水产养殖这三个方面来举例说明新兴微传感系统在智慧农业方面的应用。

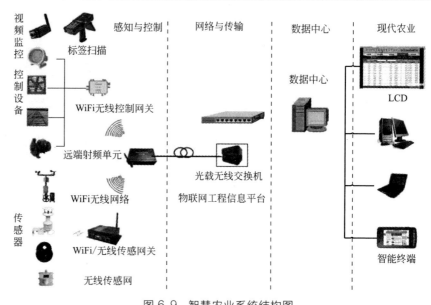

图 6.9 智慧农业系统结构图

(1) 葡萄园智慧管理

在农作物种植方面，美国英特尔公司在俄勒冈州建立了第一个无线葡萄园，传感器节点被分布在葡萄园的各个角落，每隔 1min 检测一次土壤温度、湿度和该区域有害物的数量，以确保葡萄健康生长，进而获得大丰收。我国的闻珍霞等为了实现对设施农业中植物-土壤-环境的动态实时监控，以杭州美人紫葡萄栽培基地首批信息化试验区为基地，开发和应用无线传感网络系统和智能化管理及控制系统，实现了对土壤水分、养分、温度、湿度和光照等信息的实时动态测试与显示，并能根据葡萄优质高产生长的需要进行自动控制灌溉，取得了较好的效果。图 6.10(a) 为其系统框图，图 6.10(b) 则为安装在葡萄园内的微传感器节点。

(2) 智慧家禽饲养

TekVet 公司和 IBM 公司合作建立了名为 TekSensor 的项目，使用有源 RFID 家畜进行跟踪系统即时地通过网络确认牛的位置情况，与传统家畜跟踪系统不同的是该项目的 RFID 集成了温度传感器对牛的体温进行即时监测，使管理者能够随时了解牛群的健康状况，并对于体温不正常的家畜进行早期治疗。我国的林惠强等设计了一个切实可行的无线传感器网络动物检测系统，使饲养场的动物（如猪/牛）戴上无线传感器节点,通过一定的路由将相关的信息(如体温、脉搏、位置信息)收集到 Sink 节点,再通过网络(有线或无线)传送到服务器上,经过运算,对动物的发情、疾病、疫情通过手机或 PDA 进行实时预报或预警,其系统框图见图 6.11(a),饲养场传感节点分布示意图见图 6.11(b)。

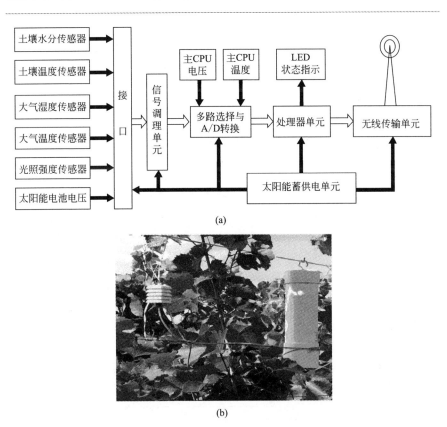

(a)

(b)

图 6.10　(a)葡萄园智慧管理系统框图和(b)安装在葡萄园内的微传感器节点

(3)智慧水产养殖

中国农业大学李道亮团队将水质监测无线传感网络运用到了水产养殖中,通过传感层的智能传感节点,构建一个分布式实时在线水质参数监测控制系统,对养殖水体水温、溶解氧、酸碱度、氨氮值、亚硝酸盐、硫化氢等参数进行自动检测。根据检测参数实现智能控制,数据通过无线方式实时传输到互联网,显示终端再从互联网获得数据并及时显示。并具有历史数据保存、图形显示、打印等功能,方便用户进行数据分析和系统研究。目前,该系统在江苏省宜兴市河蟹养殖中应用推广。

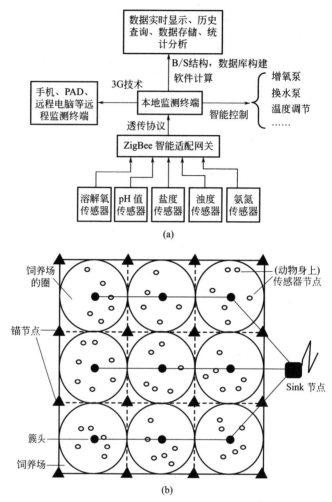

图 6.11　（a）智慧家禽饲养结构框图和（b）饲养场传感节点分布示意图

6.3　新兴微传感系统在生物医疗领域的应用展望

6.3.1　可穿戴医疗设备

随着高性能、低功耗集成电路和微纳米加工技术的迅速发展，医疗电子设备尺寸在逐步缩小。伴随着嵌入式单片机、嵌入式系统、操作系统等软件技术的发展，过去需要通过硬件实现的功能现在可以通过软件实现，为医疗电子设备小型化发展奠定了基础。可穿戴医疗设备是指可以直接穿戴在身上的便携式医疗电子设备，在软件支持下感知、记录、分析、调控、干预甚至治疗疾病，维护健康状态。其真正价值在于让生命体态数据化，可穿戴医疗设备可以实时监测血糖、血压、心率、血氧、体温、呼吸频率等人体健康指标[15]。

迄今为止，智能可穿戴设备产品已经颇多，功能也十分丰富，涵盖了社交、娱乐、导航、健身、健康管理等多个方面，主要有智能眼镜、智能手表、智能腕带、智能跑鞋、智能戒指、智能臂环、智能腰带、智能头盔、智能纽扣等。这众多的可穿戴设备，以健康管理的需求最为突出、最具革命性，如智能手环、心率监控器、可穿戴式健身追踪器、可分析人体成分的体重计等。

2018 年，苹果公司发布的 Apple Watch Series 4 中配备有心率传感器、加速度传感器、陀螺仪、重力传感器等微传感器[16]。如图 6.12 所示，它能够实时监测佩戴者的心率，只需将手指放在表冠上，背面和表冠监测到脉冲，传给 S4 处理器，30s 后便能产生一个心电图。所测得 ECG 结果都以 PDF 格式存储在 Health 应用程序中，并且可以与医生共享，以便进行进一步的治疗。由于身体原因，老人在日常生活中会发生摔倒，这时手表中的重力传感器就能识别用户当前的身体状况，通过分析手腕轨迹和重力加速度来判断用户是否摔倒。该手表会在用户摔倒后发出警报，如果 60s 后感知佩戴者仍处于静止状态，它将会自行启动紧急呼叫服务并将消息与位置发给紧急联系人。

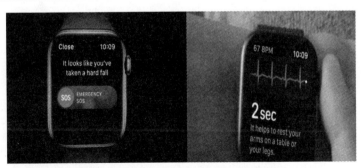

图 6.12　苹果公司发布的智能手表[16]

为了提高运动成绩和个人舒适度，运动产业驱动了智能织物传感器的研究，如可透气防水纺织品 Gore-Tex 和吸汗纺织品 Coolmax，在布料中集成各种微传感器，用于检测运动员的脉搏、血压、体温、心电等生理信号，如图 6.13 所示[17]。压电材料制造的应变传感器可用于生物力学分析，提供一种穿戴式的肌肉运动感知接口用于检测姿势，提高运动成绩并降低由于剧烈运动而造成的伤害。

图 6.13　智能运动背心[17]

2016 年，糖尿病患者健康监测公司 Siren Care 推出了一款产品——智能袜子，如图 6.14 所示[18]。该袜子利用温度传感器来监测糖尿病患者的脚是否出现了炎症，从而来进行病情监控。1 型和 2 型糖尿病患者都容易发生足部肿胀，以及其他足部问题。并且如果不及时进行检查，就会导致一些严重的问题，例如足部溃疡，甚至最后可能导致截肢，所以早发现病情是防止严重并发症的关键。Siren Care 将温度传感器放于袜子中，利用炎症发生时所带来的温度变化，来实时监测患者足部是否存在炎症，然后将所有信息上传到智能手机上的 App 中，这样患者便能实时查看相应的报告。

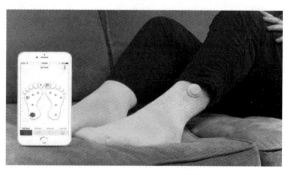

图 6.14　智能袜子[18]

　　一方面，可穿戴医疗健康设备能够实现用户自行采集身体指标数据的功能，让用户实时掌握个人的身体健康状况，及时更正不良的生活习惯，从而实现疾病的预防与早期治疗。另一方面，可穿戴医疗健康设备对人体健康指标的长期动态监控，为疾病的诊断治疗提供了大量数据，为一些疾病的初步诊断及慢性病的治疗提供了依据。目前的可穿戴医疗设备还是一种浮于表面的健康管理模式，并未突破到临床医疗领域。

　　美国加州大学纳米工程学教授研发了一款极具未来气息的传感器。这种传感器能通过检测汗液、唾液和眼泪的方式，提供有价值的健康和医疗信息。该团队还开发出一种能持续检测血糖水平的文身贴，以及一种放置在口腔中就能获得尿酸数据的柔性检测装置。这些数据通常都需要指血或静脉抽血测试才能获得，这对糖尿病和痛风患者而言至关重要。该团队表示，他们正在一些大公司的帮助下，开发和推广这些新兴的传感器技术。

　　韩国首尔国立大学金大贤教授研究小组提出了包含数据存储、诊断工具以及药物在内的，具有柔性和延展性的柔性电子贴片。这种皮肤贴片能够检测出帕金森病独特的抖动模式，并将收集到的数据存储起来备用。当检测到帕金森病特有的抖动模式时，其内置的热量和温度传感器能自动释放出定量药物进行治疗。

　　由加州大学伯克利分校（UC Berkeley）研究人员开发的新兴柔性传感器可以在大面积皮肤、身体组织和器官上绘制血氧含量图，从而为医生提供实时监测伤口愈合情况的新方法。如图6.15所示，新型传感器由印刷发光二极管和光电探测器交替组成阵列，可以探测身体任何部位的血氧含量。传感器将红光和红外光照射进皮肤内，并探测反射光的比例。

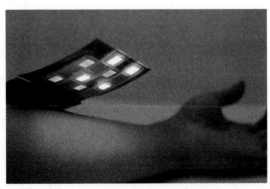

图 6.15　新型可穿戴式血氧仪[19]

相比于传统的指夹式传感器，这种血氧计更加轻薄和灵活。无论是糖尿病、呼吸系统疾病甚至睡眠呼吸暂停的患者都可以使用该传感器，可以随时随地的佩戴，以便全天候监测血氧含量。该血氧计使用发光二极管（LED）发出红光和红外光，并穿过皮肤，然后探测有多少光到达另一侧。红色、富含氧气的血液会吸收更多的红光。通过观察反射光的比例，该传感器就能够确定血液中的氧气含量[19]。

6.3.2　植入式医疗设备

植入式医疗设备是一种埋置在生物体或人体内的电子设备，主要用来测量生命体内的生理、生化参数的长期变化与诊断、治疗某些疾病，实现在生命体无拘无束自然状态下的、体内的直接测量和控制功能，也可用来代替功能已经丧失的器官。植入式医疗设备主要有以下优点：①可保证生物体在处于自然的生理状态条件下对各种生理、生化参数进行连续的实时测量与控制；②采用植入式微传感系统后，体内的各种信息不需经皮肤测量，可大大减少各种干扰因素，因此可得到更加精确的数据；③便于对器官和组织的直接调控，能获得理想的刺激和控制响应，有利于损伤功能的恢复和病情的控制；④可以用来治疗某些疾病，比如癫痫等；⑤用来代替某些器官的功能，比如肾脏、四肢、耳蜗等。因此植入式医疗设备将是 21 世纪生物医学电子发展的一个重要方向[20]。

如图 6.16(a)、(b) 所示，传统地测血糖的方法是刺破手指，再用血糖仪采血，而且为了数据的准确性，一天内需要多次测量，这给患者造成了很大的痛苦。如图 6.16(c) 所示，美国加州大学圣地亚哥分校和 GlySens 公司的生物工程师们成功研发出一款可植入人体的葡萄糖传感器（glucose sensor）和无线遥测系统，用于持续的检测组织的血糖并将信息传送到一个外部的接收器[21]。来自组织周围的葡萄糖和氧扩散到该传感器，葡萄糖氧化酶在此进行化学反应，其中被消耗的氧气与葡萄糖的含量成正比例。对剩余的氧气进行测量，然后将其与一个几乎完全相同的氧含量参考传感器所记录下的氧气基准进行比较。氧减少信号与基准氧信号的比较，反映出血糖的浓度，而运动所产生的影响以及流向组织局部血液的变化在很大程度上被差分氧传感系统去掉了，图 6.16(d) 是在糖尿病猪和非糖尿病猪上长期监测的结果。这款植入式的葡萄糖传感器，其直径为 1.5in、厚度为 5/8in，通过一个简单的门诊手术即可植入。

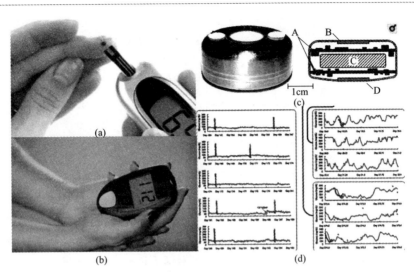

图 6.16　可植入式葡萄糖传感器 [21]

　　这款长期使用的葡萄糖传感器可用于 1 型和 2 型糖尿病患者。1 型糖尿病患者自身不能产生足够的胰岛素。长期使用该葡萄糖传感器可用于调整胰岛素的针剂量和注射频率，由此降低因胰岛素过量而引发血糖低的风险，胰岛素过量所引发的低血糖可能随时危及生命。2 型糖尿病患者可以利用这款植入式的葡萄糖传感器来帮助他们调整自己的饮食和锻炼计划。并且该传感器还可以将信息发送到手机上，当睡在隔壁的患糖尿病的孩子发生夜间低血糖时，它就会向家长发出警报。

　　加州大学圣地亚哥分校的研究人员开发出一种微型、功耗超低、可植入皮肤表面的生物传感器，能够长期连续的对体内酒精含量进行检测。如图 6.17 所示（与 25 美分硬币的大小对比图），该芯片的尺寸非常小，其体积大约为 $1mm^3$，因此可以植入人体皮肤下的细胞间液（细胞间液是一种存在于身体细胞间质中的组织液），并通过无线充电为其供电。这款生物传感器内有一个被酒精氧化酶覆盖的传感器，酒精氧化酶可以选择性的与酒精相互作用产生副产品，并通过电化学的方式被检测到，电信号被无线传输到附近的可穿戴设备（如智能手表、智能手机），从而可以检测出体内酒精的含量。并且研究人员在设计时尽量将功耗降至最低，共 970nW，大约是智能手机通话时功耗的万分之一。在未来可以根据病人的要求，定制监测所需物质的芯片，以提供长期的个性医疗监测。

图 6.17　植入皮肤表面的微型酒精检测芯片

　　植入式心脏起搏器已经拯救了成千上万心脏病患者的生命并提高了他们的生活质量。美国伊利诺伊大学香槟分校的 Rogers 和华盛顿大学圣路易斯分校的 Efimvo 教授课题组通过 3D 打印技术，制作了心脏专用的"外套"[22]。如图 6.18 所示，这个"外套"上配备有电、热和光刺激的执行器、ECG 传感器、应变传感器、pH 传感器、温度传感器、微型电极和 LED 灯，在植入心脏后能够及时检测出心率的异常并施以精确的电击，并且在未来还有望通过智能手机应用获取实时数据来进行操作。通过与智能手机相连，它能让患者和医生获取与心脏健康相关的数据，而功能丰富的传感器能让医生追踪代谢、体温、血液酸碱值等指标，以便在患者身体有所感觉之前提早发现心力衰竭和心肌缺血等问题。并且柔软、有弹性的"外套"能够很好地与心脏外膜紧密接触，可以针对用户进行定制，从而完美的贴合每一位患者的心脏。

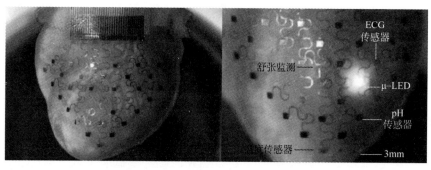

图 6.18　植入式心脏"外套"电子系统[22]

　　韩国首尔国立大学化学与生物工程学院的 Dae-Hyeong Kim 等人研

制了一种多功能球囊导管，如图 6.19 所示[23]。球囊导管是一种极其简单但功能强大的医疗器械，可以直接通过柔软的机械接触提供治疗，并且其应变可以达到 200% 左右，能有效地治疗血管阻塞等疾病。该球囊导管上配备有 ECG/触觉/温度/流量传感器，能够对生物组织和腔内表面进行诊断。在心率失常治疗中，通过暴露的电极对异常的组织进行消融，此时温度传感器就能对温度进行有效的检测，防止过热导致组织损伤。传感器还能提供组织和设备之间接触的精准反馈。

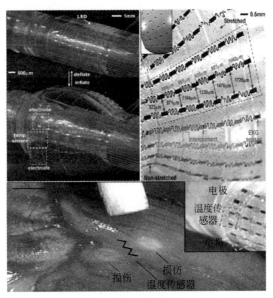

图 6.19 多功能球囊导管[23]

参考文献

[1] 杨亲民. 新材料与功能材料的分类、应用与战略地位[J]. 功能材料信息，2004，(02)：17-23.

[2] 罗远晟，杨涛，丁忠. 多铁材料概述及其应用[J]. 科学咨询（科技·管理），2015，

(07)：55.

[3] 冯春鹏，赵智增. 多铁纳米 MEMS 压力传感器性能测试系统设计[J]. 山西电子技术，2016，(03)：17-19，24.

[4] 卢红斌. 石墨烯：一种战略性新兴材料[J].

科学, 2016, 68 (5): 16-22.

[5] Chong C, Shuang L, Thomas A, et al. Functional Graphene Nanomaterials Based Architectures: Biointeractions, Fabrications, and Emerging Biological Applications [J]. Chemical Reviews, 2017.

[6] 孙鹏. 多孔硅基复合薄膜气敏传感器的研究[D]. 天津: 天津大学, 2012.

[7] 曾钫, 童真, 佐藤尚弘等. 聚 (N-异丙基丙烯酰胺) 的分子链特性[J]. 中国科学 B 辑, 1999, 29 (5): 426-431. DOI: 10. 3321/j. issn: 1006-9240. 1999. 05. 007.

[8] 田壮. 借助于功能材料的微纳光纤传感器研究[D]. 广州: 暨南大学, 2015.

[9] 李珍, 董先明. 聚 N-异丙基丙烯酰胺水凝胶研究进展 [J]. 广东化工, 2015, 42 (2): 92.

[10] 赵天一. 有机/高分子荧光纳米复合材料的制备、性能及应用研究 [D]. 吉林大学, 2015.

[11] Ying Shi, Mitra Yoonessi, and R. A. Weiss, High Temperature Shape Memory Polymers, Macromolecules, 2013, 46 (10), 4160-4167.

[12] 黎志伟. 形状记忆高分子纳米复合结构的构建及其性能研究[D]. 广州: 广东工业大学, 2016.

[13] 徐李舟. 基于量子点的荧光生物与化学传感器及其食品安全快速检测应用[D]. 杭州: 浙江大学, 2016.

[14] Ronit Freeman, Julia Girsh, and Itamar Willner, Nucleic Acid/Quantum Dots (QDs) Hybrid Systems for Optical and Photoelectrochemical Sensing, ACS Applied Materials & Interfaces, 2013, 5 (8), 2815-2834.

[15] 石用伍. 可穿戴医疗设备的研究进展[J].

医疗装备, 2018, 31 (5): 193-195.

[16] Watch 心电图[J]. 生物医学工程学进展, 2018, 39 (03): 175.

[17] S. Coyle, D. Dermot. Smart Nanotextiles: Materials and Their Application. Encyclopedia of Materials Science & Technology, 2010: 1-5.

[18] P. Liu. SirenCare 智能袜可预防糖尿病 [J]. 中国自动识别技术, 2016 (6): 32-32.

[19] Y. Khan.; D. Han.; A. Pierre.; J. Ting.; X. C. Wang.; et al. A flexible organic reflectance oximeter array. PNAS. 2018, 11, 115 (47): 1015-1024.

[20] 谢翔, 张春, 王志华. 生物医学中植入式电子系统的现状与发展[J]. 电子学报, 2004, 32 (3): 462-467.

[21] D. A. Gough.; L. S. Kumosa.; T. L. Routh.; J. T. Lin.; J. Y. Lucisano. Function of an implanted tissue glucose sensor for more than 1 year in animals. Sci Transl Med. 2010, 7, 2 (42): 42-53.

[22] L. Xu.; S. R. Gutbrod.; A. P. Bonifas.; Y. Su.; M. S. Sulkin.; et al. 3D multifunctional integumentary membranes for spatiotemporal cardiac measurements and stimulation across the entire epicardium. Nat. Commun. 2014, 5, 3329.

[23] D. H. Kim.; N. Lu.; R. Ghaffari.; Y. S. Kim.; S. P. Lee.; et al. Materials for Multifunctional Balloon Catheters withCapabilities in Cardiac Electrophysiological Mapping and Ablation Therapy. Nat. Matter. 2011, 10, (4): 316-323.

索　引